朝日新書
Asahi Shinsho 991

世界を変えたスパイたち

ソ連崩壊とプーチン報復の真相

春名幹男

朝日新聞出版

「過去の歴史を見ると、スパイは概して成功するが、インテリジェンスは概して失敗する」

(Carroll Quigley, *Tragedy and Hope,* MacMillan, 1966, p.919)

はじめに

日本ではソヴィエト連邦（ソ連）崩壊は社会主義が失敗した当然の結果、とみられてきた。実はその裏で、米国が対ソ連秘密工作を仕掛けていた事実はまったく知られていなかった。「Google Scholar」で検索しても、そうした研究論文や著作はまったく見当たらない。それではソ連はなぜ、どのようにして崩壊したのか？　そしてその31年後、ロシアはなぜウクライナを侵攻したのか？

本書はこれら二つの疑問を解くことに集中した。そのため米国とソ連・ロシアの「主役」たちや舞台裏で蠢（うごめ）くスパイたちの動向を徹底追及してきた。

振り返れば、世界の大変動が始まったのは1981年だったと判断できる。

この年、先進国では2人の大統領が誕生した。フランスのフランソワ・ミッテラン大統領と米国のロナルド・レーガン大統領である。この2人がソ連に対する秘密工作で協力し合い、世界を変えたことは、日本では知られていない。

ミッテランは社会党で、大統領選挙で協力した共産党員4人を閣僚に任命した。左派の大物政治家である。対するレーガンは元俳優で、カリフォルニア州知事を経て、現職のリベラル派で正直者と言われたジミー・カーター大統領を破った。保守の対ソ連強硬派だ。

その2人が7月のカナダ・オタワでの先進国首脳会議（サミット）で初めて顔を合わせた。信じられないかもしれないが、2人はその場でソ連に対する強硬策で一致した。

事前に計画があったわけではないが、2人を結び付けたのは、当時世界最大のソ連情報機関、国家保安委員会（KGB）の秘密工作員（スパイ）だった。彼はフランス情報機関にリクルートされ、KGBが西側先進国から大量のハイテク技術をひそかに獲得している、との極秘情報が記された文書をフランスのスパイに渡していた。

ミッテランは、フランス情報機関が得たこの機密情報の概要を初対面のレーガンに伝え、米国はソ連を出し抜く巧みな秘密工作を練り上げた。レーガン政権による対ソ連秘密工作はそれ以後約10年間にわたった。時期的には重なるが、次の四つの工作でソ連は消耗し、1991年に崩壊する。

第一期　ソ連が西側先進国から得たハイテク技術に細工を施して、ソ連を混乱に陥れた

第二期　ソ連のアフガニスタン侵攻に対してイスラム戦士を動員し、戦わせた

第三期　米戦略防衛構想（ＳＤＩ）は技術的確証なく、ソ連に財政負担を強いる狙い
第四期　石油増産で価格を急落させ、ソ連の外貨収入を激減させた

ミッテランとレーガンの出会いは、ソ連崩壊に向けた第一歩を印した。その裏でスパイたちが世界を動かしたのである。

プーチンの報復

それ以後の激しい展開に、世界は今も「なぜだ？」と首をかしげているかもしれない。１９９１年に「ソ連崩壊」で東西冷戦が終わり、一時的に世界は平和になった。にもかかわらず、21世紀は新たな冷戦の時代に入り、スパイたちの攻防がより激化した。ソ連を引き継ぎ、クレムリン宮殿を本拠にするロシアは、かつてＫＧＢ工作員だったウラジーミル・プーチンが大統領になって以後、反欧米の攻勢を強め奇手を繰り出してきた。

- ２０１６年、英国の欧州連合（ＥＵ）からの離脱をめぐる国民投票で「賛成」をひそかに後押しした。
- 同年の米大統領選挙では、共和党のドナルド・トランプ陣営をテコ入れし、元側近の

故エフゲニー・プリゴジンが運営する民間の情報機関を使って、プーチンが望むトランプ当選に向けて情報工作を展開、米国社会を「分断」させた。
●ウクライナ侵攻は、米軍および米中央情報局（CIA）がウクライナを味方に取り込んだことに対して、ロシアがウクライナを取り戻そうとして起きた。侵攻前に、米露のスパイたちの暗闘があったことは日本ではほとんど知られていない。

プーチンは対西側情報工作や軍事作戦は、「北大西洋条約機構（NATO）の東方拡大」に対する対抗策だと何度も示唆している。現実に西側は、ソ連の崩壊に続き、NATOを東方へ拡大させた。ソ連を崩壊させNATOを拡大した西側に対して、プーチンが報復しているのだ。

プーチンの意図は、ソ連が抱えた弱点を敢然と修正した彼の施策からもよく分かる。

ソ連が崩壊した原因は明らかだ。石油・天然ガスなどの天然資源の輸出で外貨を稼ぎ、その外貨で食料を輸入して国民生活を維持するという脆弱な経済体制を衝かれたからだ。

プーチンはその弱点を修正した。石油輸出では石油輸出国機構（OPEC）側に付いて「OPECプラス」の一員となり、石油価格の操作に自ら関与してきた。食料供給では小麦輸出量が世界一となり、自国での消費に加え、「グローバル・サウス」の国々にも輸出、友好国を増やすことに成功した。

イランと北朝鮮には武器を供給させた。特にミサイル技術などで援助する北朝鮮との関係は緊密の度を加えている。次に、北朝鮮が米国東海岸に到達する大陸間弾道ミサイル（ICBM）の技術的完成に向けてどれほどの技術援助をするか、注目されている。

習近平が国家主席に就任して以後の中国はロシアに加勢し、対米秘密工作を強化している。中国はすでに、CIA要員も含めて、米国民の約半数の個人情報を掌握した。

2015年には、中国のハッカー攻撃で米連邦政府人事管理局（OPM）のデータベースから、2210万人の現職・元職の連邦職員などの情報が盗まれた。2017年には米大手調査会社から米国民1億4500万人の個人情報や企業情報が流出した。この事件では、アトランタの連邦大陪審は2020年、中国人民解放軍「第54研究所」所属の中国人ハッカー4人を起訴した。両事件の被害者を合わせると、1億6710万人で、2020年の米国の総人口3億3100万人の半数を上回る。本書では米中スパイ戦争の現状にも少し触れる。

今や世界を分断して影響力を競いあう東西冷戦の時代が復活してしまった。米中露が直接衝突すれば核戦争の危機が高まる。同時に、スパイ同士のせめぎ合い、情報戦争がさらに激しくなりそうだ。

世界を変えたスパイたち　ソ連崩壊とプーチン報復の真相

目次

第6章 プーチンはウクライナ侵攻で復讐 177

第7章 トランプを操るプーチン

第1章
KGBスパイが仏に最高機密を漏洩

「デタント」政策で対ソ警戒に遅れ

フランソワ・ミッテランとロナルド・レーガンが初めて会った1981年当時、ソ連は核戦力がピークに達しつつあった。1970年には、「オケアン（海洋）70」と名付けた世界規模の海軍演習を行った。さらにその5年後に同じ規模の「オケアン75」を実施した。この二つの演習で、ソ連軍は世界各地への戦力投入が可能になったとする評価が強まった。

もちろんそれ以前から、米国政府はソ連が西側の科学技術情報を懸命に収集している事実を知っていた。1972年にソ連は米国の農場や研究所を視察する約100人の代表団を派遣したが、そのうち3分の1はハイテク情報を収集する部門などのスパイが入っていたことも知られていた。ボーイング視察では、ソ連の見学者は靴底に粘着力のあるテープを貼り付け、労せず金属片をくっつけて持ち帰った。米国のコンピューターや半導体の工場はほとんどすべて回ったといわれる。

ただ、リチャード・ニクソン政権（1969〜74）からジェラルド・フォード政権（1974〜77）、ジミー・カーター政権（1977〜81）まで3代の政権は、ソ連との平和共存を目指す「デタント（緊張緩和）政策」を続けており、ソ連はそれほどの制限なく西側技術へのアクセスを得ていた。

しかし、時代は動き始めた。カーター政権は1977年に国家安全保障会議（NSC）の決定を受けて、「大統領検討メモ・国家安全保障会議31号（PRM／NSC31）」を発令し、米国から共産圏への技術輸出の管理強化を検討するよう指示している。

ソ連が具体的にどのような工作を展開し、特にどんな技術を入手していたのか、まったく分かっていなかった。ところが1981年、国家保安委員会（KGB）のスパイ、ウラジーミル・イポリトビッチ・ベトロフが工作の詳細を記した文書をフランスのスパイに漏洩し始めてようやく情報が流れ始めた。漏れた文書は合計約4000ページ。フランスを通して文書を得た米政府高官が読み解き、ソ連による西側の技術入手の実態が初めて分かったという。ソ連崩壊の10年前のことだった。

これはスパイが世界を動かしたサスペンスの第1話である。

1. ミッテランとレーガンが対ソ強硬策で組んだ

ソ連がハイテクの技術開発で遅れている事実は西側にはよく知られていた。だから欧米や日本は「対共産圏輸出調整委員会（COCOM）」を設立して、技術レベルの高い製品のリストを作成し、それらの製品の対ソ輸出を制限してきた。しかしKGBはその規制網をくぐり抜けるため、秘密工作の中心的な部門である第1総局に特別な部局を設置し、先進諸国からハイテク禁制品をひそかに違法輸入するネットワークを形成した。その秘密がフランスを通じて、米国に洩れる日が来た。

「悪の帝国」

第40代米国大統領レーガンの政権に先立つ3代の政権の12年間、米国はソ連との関係では一貫して「デタント」政策を続けた。

1981年1月20日にホワイトハウスに乗り込んだレーガン大統領は前任者とまったく違い、それまでの政策を百八十度転換させた。デタントの撤回を掲げ、ソ連を「悪の帝国」と罵った。

そして、大統領就任からちょうど半年後の7月、思いがけず、重大な情報を得た。ソ連がKGBの秘密工作で、米国および西側諸国からひそかにハイテク製品を入手する特別なシステムを整備した、とKGBのスパイがフランスに洩らしたというのだ。

レーガンとミッテランの秘密

舞台はカナダの首都オタワ。1981年7月20~21日、ここで先進国首脳会議（サミット）が開かれた。注目を集めたのは、初めて出席する2人の新しい首脳、米国のレーガン、フランスのミッテランの両大統領である。

ミッテランは穏健な社会主義者、レーガンは反ソ連の保守派で核軍備増強を主張するタカ派だ。イデオロギー的に対照的な立場の2人はきっと対立する、とみられていた。

だが、そんな予想は全く外れた。オタワからワシントンへの帰途、大統領専用機エアフォース・ワン機内でレーガンは記者団に向かってほほ笑み、ミッテランをほめた。

「彼は私と同じようなことを言っていた」[*1]

ソ連について、フランス社会党の大統領がレーガンと同じような強硬な見解を持っていることが分かったというのだ。ミッテランはサミットで北大西洋条約機構（NATO）の「義務を履行する」とも明言した。民主主義国の首脳たちと良き関係を築くのは「金の価値がある」とレーガンは喜んだ。

なぜ、レーガンとミッテランの会談は大方の予想を裏切る結果となったのか。

---

*1 Lou Cannon, "Reagan Describes Summit Meeting as 'Worth Its Weight in Gold,'" *Washington Post*, Jul. 22, 1981

フランソワ・ミッテラン仏大統領（左）とロナルド・レーガン米大統領＝1984年３月23日、米ホワイトハウス（写真：AP／アフロ）

仏、4000ページのKGB機密文書をCIAに提供

実はミッテランは、サミット前夜の晩餐会で初対面したレーガンに驚くべき情報を伝えていた。フランスの情報機関がソ連のスパイから、KGBの重要な機密情報を入手したことを明らかにしたというのだ。

それは、ソ連が西側諸国からハイテク機器、技術を極秘裏に入手している事実を記録した約4000ページもの文書であり、「米国政府に提供する」とミッテランが説明すると、レーガンは強い関心を示し、感謝を表明した。サミット前日の夕方、ガーデンのテーブルを囲んで両大統領が談笑する写真が発表されている。しかし、話の中身を記した外交文書はなお未公開となっている。

レーガンは、サミットを終えて帰国すると、取り急ぎジョージ・H・W・ブッシュ副大統領（父）を通じて、ウィリアム・ケーシー米中央情報局（CIA）長官にミッテランから聞いた話を伝えた。その際、ＣＩＡ長官には「秘密工作を検討するように」と指示した。ブッシュを通したのは、彼がＣＩＡ長官をしていた当時から、フランス内務省の「国内治安情報局（ＤＳＴ）」のマルセル・シャレー長官と親しい関係にあったからだ。

2. 天才ワイスが発案した秘密工作

ケーシーはＣＩＡの前身である戦時中の情報機関、戦略情報局（ＯＳＳ）のＯＢで、ベテランのスパイだ。ケーシーはまず、ＤＳＴと連絡を取り、翌8月にＤＳＴから文書の一部を受け取った。[*2] 残りの文書は翌１９８２年2月まで何回にも分けて、モスクワからパリに届けられ、さらにワシントンに運ばれた。

この文書は「フェアウェル文書」と呼ばれた。「フェアウェル（送別）」とは、ＤＳＴがＫＧＢのスパイ、ベトロフに付けたコード名である。フランス情報機関が英語のコード名を付けたのは、フランスとは無関係と装うためだったようだ。

＊2　ＤＳＴはかつての公安警察で、２００８年に総合中央情報局（ＲＧ）と合併、その後の改編で現在は内務大臣直轄の国内中央情報局（ＤＣＲＩ）となっている。

CIAは、ホワイトハウスでNSCの国際経済担当部長をしていたガス・ワイスにもこの文書を渡した。ワイスは情報機関の人間ではないが、軍事戦略や技術情報、経済、産業スパイに至るまで博識だった。ニクソン政権から数えて4代の大統領に仕え、上司のリチャード・アレン大統領補佐官（国家安全保障担当）は「天才」と信頼していた。

ワイスは、フェアウェル文書の概要と、それに基づいてレーガン政権がどんな対抗策を講じたのか、1996年にCIAの部内誌『情報研究』(Studies in Intelligence) への寄稿論文で明らかにしている。[*3] それに加え、空軍長官や偵察衛星の管理運用を担う情報機関、国家偵察局（NRO）長官、レーガン大統領の特別補佐官（国家安全保障政策担当）を務めたトーマス・リードの回想録もフェアウェル文書に触れている。[*4] ワイスの小論とリードの回想録には若干の差異があるが、全体的には矛盾がなく、間違いはない。

ソ連が西側技術を極秘調達

ワイスが文書を読み解いたところ、まったくの新事実が判明した。

第一にソ連は1970年から、西側の技術をひそかに入手する機密組織を整備していた。

第二にソ連はCOCOMの規制網をくぐって、西側諸国から大量のハイテク技術を入手していたことだ。

Duping the Soviets

The Farewell Dossier

Gus W. Weiss

"The Soviets viewed détente as "peaceful coexistence" and as an avenue to improve their inefficient, if not beleaguered economy using improved political relations to obtain grain, foreign credits, and technology."

Gus W. Weiss has served as a Special Assistant to the Secretary of Defense and as Director of International Economics for the National Security Council.

We communists have to string along with the capitalists for a while. We need their credits, their agriculture, and their technology. But we are going to continue massive military programs and by the middle 1980s we will be in a position to return to a much more aggressive foreign policy designed to gain the upper hand in our relationship with the West.

> Leonid Brezhnev. Remarks in 1971 to the Politburo at the beginning of détente.

During the Cold War, and especially in the 1970s, Soviet intelligence carried out a substantial and successful clandestine effort to obtain technical and scientific knowledge from the West. This effort was suspected by a few US Government officials but not documented until 1981, when French intelligence obtained the services of Col. Vladimir I. Vetrov, "Farewell," who photographed and supplied 4,000 KGB documents on the program. In the summer of 1981, President Mitterrand told President Reagan of the source, and, when the material was supplied, it led to a potent counterintelligence response by CIA and the NATO intelligence services.

President Nixon and Secretary of State Kissinger conceived of détente as the search for ways of easing chronic strains in US–Soviet relations. They sought to engage the USSR in arrangements that would move the superpowers from confrontation to negotiation. Arms control, trade, and investment were the main substantive topics. The Soviets viewed détente as "peaceful coexistence" and as an avenue to improve their inefficient, if not beleaguered economy using improved political relations to obtain grain, foreign credits, and technology.[1] In pure science, the Soviets deserved their impressive reputation, and their space program demonstrated originality and accomplishment in rocket engineering—but they lacked production know-how necessary for long-term competition with the United States. Soviet managers had difficulty in translating laboratory results to products, quality control was poor, and plants were badly organized. Cost accounting, even in the defense sector, was hopelessly inadequate. In computers and microelectronics, the Soviets trailed Western standards by more than a decade.

Soviet S&T Espionage

The leadership recognized these shortcomings. To address the lag in technology, Soviet authorities in 1970 reconstituted and invigorated the USSR's intelligence collection for science and technology. The Council of Ministers and the Central Committee established a new unit, Directorate T of the KGB's First Chief Directorate, to plumb the R&D programs of Western economies. The State Committee on Science and Technology and the Military-Industrial Commission were to provide Directorate T and its operating arm, called Line X, with collection requirements. Military Intelligence (GRU), the Soviet

121

ガス・ワイスがCIA部内季刊誌に投降した論文（出典：https://www.cia.gov/resources/csi/static/The-Farewell-Dossier.pdf）

ＫＧＢの高度な科学技術情報収集体制は、１９７０年の閣議と共産党中央委員会の決定で決めた。総人員40万人と言われたＫＧＢで最もよく知られた部門は、対外情報工作を担当する第1総局だ。その下に新しく、科学技術情報を担当する「Ｔ局」を設置した。そしてＴ局の中に外国の科学技術製品を入手するための秘密工作を担当する「ラインＸ」という部局を作った。

フェアウェル文書は、西側10カ国に駐在する２００人以上のラインＸの工作員名をリストアップしていた。実際には、西側から技術を秘密裏に入手したスパイたちはＫＧＢとソ連軍参謀本部情報総局（ＧＲＵ）のスパイ、科学アカデミー、国家対外関係委員会も含めて数百人以上とみられる。デタント時代の友好関係を利用して、ラインＸは西側からハイテク製品・技術を入手するルートを確保していたようだ。

大量の文書の中に、科学技術情報を収集する組織のリストやＴ局がまとめたレポート、成功例、未達成の目標、そしてラインＸ工作員らの名簿やリストがあった。これによって、ＣＩＡはＫＧＢ工作員総計４２２人、西側のエージェント54人の名前を知る結果になったと言われる。

ＣＩＡの秘密工作で続々欠陥が表面化、ラインＸが崩壊

ワイスはフェアウェル文書を読んで「悪夢が現実になった」と記している。ラインXは欧米からひそかに、数千件の技術文書や製品サンプルを収集していた。特に米国はレーダーやコンピューター、工作機械、半導体技術を盗まれていたことが確認された。つまり「米国の科学が彼らの国防を支援していた」恰好（かっこう）になっていたのだ。

米国としての課題は、どんな行動を起こすか、だった。

読み終わったあと、ワイスは1982年1月、ケーシーCIA長官と会い、提案した。ソ連が調達することを決めた製品を「手直し」してラインXが入手するルートに乗せる、というのだ。

重要なのは、製品がソ連に到着した時は「純正」の製品と見せかけるが、後になって故障する仕掛けを施（ほどこ）すということだ。

そんな秘密工作を提案すると、ケーシーは喜び、レーガン大統領の承認も得た。

欧米諸国が海外に配置されたT局やラインXのスパイたちを国外追放処分すれば、それで事件は終結し、一時的にソ連は大きい打撃を受けるが、また人員を補充すれば元通りの

＊3 Gus Weiss, "The Farewell Dossier," Center for the Study in Intelligence, CIA, 1996

＊4 Thomas Reed, *At the Abyss*, Ballantine Books, 2004, pp.266~270

工作を続けることができる。だが、ワイスの計画だと、改造した製品をソ連がどこでどのように利用するのか、追跡が可能になる上に、ソ連側にダメージを与えられる。

レーガン自身はソ連崩壊と冷戦勝利を展望

ワイスが立てた計画に従って、CIAの担当チームは製造メーカーの協力を得て、以下のような製品をチェックした上で、輸出許可手続きを経て、ラインXのルートに乗せる秘密工作に取り組んだ。

「ソ連軍の装備に使われる改造半導体」
「化学工場やトラクター工場建設にかかわる偽のソフトウエア」
「ステルス航空機や宇宙防衛などに関する米国防総省の誤った情報」
「米航空宇宙局（NASA）の反対で廃棄された欠陥スペースシャトルの設計図」

いずれの製品やソフトウエアも、当初は正常に機能するが、しばらくすると故障する仕掛けになっている。果たして、工作の結果はどうなっただろうか。

ソ連側はいずれの欠陥製品やソフトウエアもそのまま使っており、不良品を製造していたことが確認できた。米側のいずれの秘密工作も「大成功」で、報告を受けたレーガン大統領は喜んだ。

さらに、ケーシーはCIA副長官をNATO加盟国に派遣し、ソ連がハイテク技術を秘密に入手する「脅威」について説明させた。その結果、これら各国はそれぞれの国に駐在する約2000人のラインX所属ソ連スパイを1984～85年にかけて、相次ぎ国外追放処分にした。ラインXを使ったハイテク技術を導入する秘密工作はこれで崩壊したようだ。

ワイスの小論によると、レーガン大統領はソ連経済が機能しておらず、ソ連のシステムは「崩壊の途をたどる」と信じていた。したがって「冷戦は勝てるだろう」と確信したという。この段階でレーガンは、対ソ連工作を続けていけば、ソ連は崩壊するという展望を抱いていたと言える。

ウィリアム・ケーシー米中央情報局（CIA）長官＝1981年6月18日（写真：AP／アフロ）

ソ連、半導体をカナダで調達

しかしワイスはなぜか、最も重要な秘密工作については、自分の小論の中で詳細を明らかにしなかった。ソ連にとって最も重要なのは外貨稼ぎのトップ商品である石油・天然ガスをヨーロッパ諸国向けに供給するパイプラインだ。だからパイプラインに他の商品と同様の仕掛けを施す工作が最も重要と思われる。しかしワイスは「天然ガス・パイプラインに欠陥タービンを設置した」と書いているだけだ。

この工作については、ワイスの元同僚である、前出のリード大統領特別補佐官が回想録に書き残しているので、彼の記述に沿って指摘しておきたい。[*5]

パイプラインは、1978年に生産が始まった西シベリア北部のウレンゴイ・ガス田からカザフスタンを横切り、ロシアからヨーロッパにつながっている。この長距離パイプラインには、自動化したバルブや圧縮装置、貯蔵施設などを備えており、最新のコントロールシステムが必要だ。

ソ連側は最初、パイプラインをコントロールする半導体を米国で調達しようとしたが、断られたため、調達先をカナダに変え、KGBの工作員をカナダに派遣して、必要な半導体を発注した。これに対しCIAは、カナダ政府の協力を得て、秘密工作に乗り出した。ソ連が発注した半導体を預かり、一部変造を加えてカナダのメーカーに返したとみられる。

パイプラインはポンプやタービン、バルブなどの装置で半導体を使用している。ポンプは天然ガスが流れる速度、バルブはパイプラインに加わる圧力を、半導体を使って適度に調節する。この場合も、当初半導体は正確に機能するが、しばらくすると故障する仕掛けが施された。

3. 爆発はどこで起きたのか

核爆発かと疑った人も

事実、このパイプラインは想定通りに爆発したようだ。北米航空宇宙防衛司令部（NORAD）は、発射基地がないとみられる地域からミサイルが発射されたのか、と驚いた。当初、一部の人は核爆発かもしれない、と考えたという。もしも核爆発なら、その規模は3キロトン程度になる、と空軍情報部長は考えた。それが事実なら、広島・長崎に投下された原爆の爆発規模の6分の1程度とみられる。しかし、核爆発に伴って出る電磁波は探知されなかった。ワイスはNSCの同僚たちに「心配はいらない」と伝えた。ワイスが本当のことを言ったのは、20年後のことだったとリードは書いている。

リードによると、死傷者はなかったが、ソ連経済に相当のダメージを与えた。パイプラインの修理に加え、使用再開までの間の輸出停止に伴う経済的損失も大きい。

＊5　同、pp.268~270

ソ連政府は何も発表せず

爆発が起きた場所はどこか。どれほどの爆発で現地はどうなったのか。詳細は明らかにされていない。当時のソ連政府の発表あるいはメディアの報道はないだろうか。

筆者は2004年に発刊されたリードの著作を読んで、2005年当時勤務していた共同通信のモスクワ支局長に調査を依頼した。その結果発見できたのは、2004年2月5日付の『コムソモリスカヤ・プラウダ』紙と同年3月18日付の英字紙『モスクワ・タイムズ』で、前者はリードの著書に関する『ニューヨーク・タイムズ』紙のコラム、後者は『ワシントン・ポスト』紙の記事に関する評論記事だった。ソ連政府の発表はなかったようだ。

後者は、爆発当時チュメニ州を管轄していたKGBチュメニ支局の元支局長の証言を伝えている。ワシーリー・プチェリンツェフ元支局長によると、爆発は1982年4月、同州トボリスク市から約50キロの地点で起きた。巨大な炎が巻き上げられたが、けが人はなかったという。ただリードは、『ワシントン・ポスト』紙記者の質問に答えて、爆発は夏に起きた、と答えており、KGB元支局長の記憶とは異なる。真相はなお明らかではないのだ。

SVR東京支局長も認めない爆発

重大な疑問が残った。そもそも、爆発が起きた地名が分からない。パイプラインの名称も不明だ。巨大な爆発だったのに、本当に死傷者は出なかったのか。

時期的にはずれるが、1984年に完成したウレンゴイ―ポマリー―ウジホロド線と呼ぶパイプラインもある。爆発はここで起きたのではないのか？

ロシア最大の油田・天然ガス採掘現場は、ウラル東部の広大な地域に広がっている。ウレンゴイのほかに、1989年6月4日にパイプラインからガスが漏出して2本の旅客列車を爆発させ、乗客575人が死亡する事故が、ウラル地方のウファという町で起きている。

しかしCIAの秘密工作の結果爆発が起きたパイプラインについては、時期も地名も未確認のままなのはなぜだろうか、謎が残った。

取材中の2004～05年ごろ、東京でこうした情報を知る可能性があるのは、ロシア大使館のボリス・スミルノフ参事官しかいない、と思った。実は当時筆者は、スミルノフと一定の付き合いがあった。公安警察OBの故宮脇磊介（らいすけ）の紹介を得て、何度か食事をしている。彼に尋ねるほかなかった。すでに米国内で公開されていたガス・ワイスの小論やメディア記事をコピーして、スミルノフと3度、元公安調査庁調査第二部長、故菅沼光弘に立ち会ってもらって、日本外国特派員協会でランチをともにし、情報提供を依頼した。この間約1年半も時間をかけた。しかし3回とも、爆発があったかなかったかも認めようとしなかった。あきらめるほかなかった。

やはり、「パイプライン爆発」に関する情報はなお機密が解除されていないようだ。スミルノフは当時、ロシア対外情報局（SVR）東京支局長で、KGBではウラジーミル・プーチン・ロシア大統領の先輩にあたる。「爆発」はKGBにとって防諜の失敗であったことから、明らかにできなかったのかもしれない。

ワイス自殺の理由

1981年のサミットでレーガンがミッテランから聞いた情報を得て、米国はCIA、さらにNSCで対応策を検討し、「不良品」や「偽の情報」をKGBの調達ルートに乗せることを決めた。この奇策、まさに孫子曰く「兵とは詭道なり」だ。「ルールなき騙しあい」で、ソ連という強敵を騙して、経済に大きい打撃を与えた。その秘密工作を立案した立役者である「天才」ガス・ワイスNSC国際経済担当部長とは一体何者か。[*6]

彼はCIAの秘密工作員ではなかったが、インテリジェンスを重視して、情報機関との協力で国家安全保障政策を進める側で知恵を絞った。ただ一時ＣＩＡ顧問をしていたことがある。

１９３１年、米テネシー州ナッシュビルに生まれ、地元のバンダービルト大学卒業後、ハーバード大学で経営学修士、ニューヨーク大学で経済学博士号を得た。ニクソン、フォード、カーター、レーガンの４大統領の「知恵袋」として、大統領情報委員会などで多くの情報プロジェクトに関与、ＣＩＡの功労賞、世界最大の通信傍受機関・国家安全保障局（ＮＳＡ）の暗号賞などの勲章を授与されている。

レーガンの下で大仕事を成したのは、アレン大統領補佐官と親しい関係にあったことが大きい。ワイスは１９６０年代中期に保守系シンクタンク、ハドソン研究所でアレンと一緒に仕事をした経験があり、ＮＳＣに招かれた。

ワイスが編み出した策が出発点となり、２期８年間にわたったレーガン政権は次々と、ソ連経済および軍事を封じ込める国家安全保障決定指令（ＮＳＤＤ）を打ち出していくこ

＊6　ワイスについては、Weiss, "The Farewell Dossier,"; Reed, *At the Abyss*, pp.266~270; Sergei Kostin & Eric Raynaud, *Farewell: The Greatest Spy Story of the Twentieth Century*, AmazonCrossing, 2009, pp.278~287; "Nashville native Gus Weiss, adviser to 4 presidents, dies," *Tennesean*, Dec. 1, 2003

となるのだ。

　ワイスは独身で通し、２００３年11月25日に首都ワシントン西部、ポトマック川近くのウォーターゲート・ビル東部住居棟で転落死した姿で見つかった。「自殺だった」とワイスのＮＳＣの同僚で、筆者の友人は言うが、自殺の動機が分からない。あのパイプラインの爆発で、実は多くの死傷者が出ていて、ワイスは気に病んでいたという説もあるが確認はできない。

　ワイス自身は、ＣＩＡの部内誌に「ＫＧＢのＴ局が収集した情報を評価する任務に就いていて、ソ連に反逆したエンジニアが理想的な立場にいた」から、フランスを通じていい情報が得られた、と書いている。

　では、ＫＧＢスパイで、フランスにフェアウェル文書を供給したベトロフがなぜソ連を裏切る結果になったのか。ロシア人とフランス人ジャーナリストの共著になる伝記をひも解きながら、世紀のスパイ物語を記しておきたい。

4. 冷戦終結に向け疾走したスパイ

母国ソ連を裏切りフランスにリクルートされる

KGBのスパイ、ウラジーミル・イポリトビッチ・ベトロフは、1932年10月10日モスクワで、父は軍人、母はメイドという家庭に生まれた。陸上競技短距離100、200、400メートルジュニアの部で優勝。入学試験が難しいモスクワ高等技術専門学校（MVTU）に合格し多くの人を驚かせた。米国のマサチューセッツ工科大学（MIT）と比較されるようなソ連で最も権威ある専門学校とされ、履修期間は5年半。しかし就職先が計測器を製造する工場のエンジニア、とは不満だったのだろう。彼自身、1917年のロシア革命を主導した「ボリシェビキ（多数派）」の子孫が優遇され良い学校に入ったことを嘆いていたという。ベトロフは1959年、26歳の時にようやくKGB入りした。

1936年生まれの妻スベトラーナも陸上短距離選手で、400メートルリレーのソ連代表になった。2人は優秀な選手が所属する「ダイナモクラブ」で出会い、結婚した。1961年にレーニン師範大学を卒業してすぐの結婚で、翌年には長男ウラディクが生まれた。美男美女の夫婦で、ベトロフは背が高く女性にもてた。それが約20年後、命取りの一つの原因になる。

ベトロフは1962年、KGBのキャリア情報要員としての訓練を終え、外国に赴任する前に本当の所属（KGB）を偽装するため、国家電子技術委員会（GKET）で3年間技術者として働いた。そして1965年8月、KGB第1総局の現地要員として、フランス

「世紀のスパイ」とも言われたKGB工作員、ウラジーミル・ベトロフの顔を表紙に使ったノンフィクション書籍『フェアウェル』

に派遣された。形式的には外国貿易省所属で、パリのソ連通商代表部に所属した。

　ベトロフはスパイとしての実力を発揮し、電子部品の貿易見本市に来たフランス大手電子・宇宙・軍需企業「トムソンＣＳＦ社」（現タレス・グループ）の技師らフランス人２人をリクルートすることに成功した。５年間のフランス滞在を終えてロシアに帰任するまでに「中佐」に昇進したが、もらえるはずだった勲章はなぜか授与されなかった。理由は不明だが、パリでベトロフが派手に行動しすぎたことをＫＧＢが嫌ったとも言われる。

　実はベトロフはこの間、フランスＤＳＴにリクルートされていた。この「逆転劇」は、フランスのベテラン・スパイ、ジャック・プレボストが辣腕を発揮して可能にしたようだ。プレボストは元々、対外情報防諜局（ＳＤＥＣＥ）のスパイで、大統領府スタッフを経てＤＳＴの工作員を務め、表向きはトムソンＣＳＦの役員をしていた。フランス政府はソ連に帰任する直前のベトロフに対して、亡命するなら住居を提供するとパリ郊外の家を準備していることを伝えた。しかしベトロフは妻の反対に遭い、断念したようだ。[*7]

ただ米国としては、結果的にはこの時点での亡命だと何らの成果も得られなかった。ベトロフにとっては不幸な結果になるが、ベトロフがＫＧＢの重要文書を扱う立場に就くのは10年以上も後のことになる。

荒れるベトロフに機密文書集約の任務

フランスから１９７０年に帰国後、ベトロフはＫＧＢ第1総局に定期的に報告しながら、無線工業省の仕事をした。その間の１９７２～73年、プレボストはトムソンＣＳＦの業務出張で定期的にモスクワを訪れ、ベトロフと会った。１９７３年末、ＫＧＢはベトロフにカナダ・モントリオールの通商代表部主任技師のポストを提案、ベトロフは快諾して、家族でカナダに赴任した。

ところがベトロフはＫＧＢの現地支局長とうまくいかず、支局長が本部に報告したせいか、カナダに来て1年もたたないうちに、モスクワへの帰任を命じられた。その上、帰国

＊7　ベトロフに関する情報は、Sergei Kostin & Eric Raynaud, *Farewell: The Greatest Spy Story of the Twentieth Century*, Amazon Crossing, 2011

前に妻が自分の宝石の修理をめぐって宝石店と揉め事を起こして、カナダ国家警察（RCMP＝カナダ騎馬警察）が介入する事態になった。ソ連への出発の数日前になって、ベトロフはRCMPの代表に会い、多額の金と引き替えにRCMPの協力者になることに同意したとの情報もある。ただ、その後彼がカナダのために働いた形跡はないようだ。

ベトロフは帰国後、KGB第1総局の事情聴取を受けた結果、秘密工作員のポストを解任され、外国赴任の資格も失った。私的な外国訪問も禁止された。決定的な降格だった。しかしこれ以後、モスクワの本部でベトロフは第1総局T局に向けて、世界各地から送付されるラインXの活動報告を集約する仕事を任されることになった。肩書はアナリスト（分析官）である。その結果、フランス情報機関DSTには多くの情報を漏洩できる立場になる。

ベトロフはKGBに対するフラストレーションをさらに募らせ、「リベンジ」を期すことになる。他方私生活は、酒と女性関係、一時は夫婦のダブル不倫、と乱れに乱れてしまうのだ。

ベトロフから重要な機密情報を得ようとしていたDSTにとって、KGBに対するベトロフのリベンジは、好機の到来を意味する。しかし、ベトロフの乱れた私生活の結果、突然連絡が途絶えるなど、スリリングな状況に直面することになる。

自らフランスに提案

ベトロフがカナダから帰国してから5年以上たった。しかしDST側から再接触の動きもなく、ベトロフは自ら動いた。1980年12月、コメディアンだった義兄がハンガリーに行く機会に、DSTのプレボストあての手紙を託し、投函(とうかん)してもらった。万一KGBに開封されても言い訳できるような抽象的な内容だったと言われる。

2カ月後の1981年2月、モスクワ国際貿易センターでベトロフが専門とする電子製品の見本市が開かれた。そこに、ベトロフの知り合いのフランス企業代表が来ていた。方法は不明だが、ベトロフはその人物に接触して「私にとっては生か死の問題だと理解せよ」と伝えたという。明らかにSOSだった。DSTはこれを受け取って動き始めた。

ベトロフと親しいプレボストは、トムソンCSF社が1980年モスクワ五輪向けに受注したテレビ放送設備近代化工事のためモスクワに配置していたザビエル・アメイルに、ベトロフとの接触を指示した。同社の一部幹部らは秘密裏にDSTの工作を請け負っており、その種の仕事には慣れていた。

アメイルはベトロフに1981年3月、モスクワ市内の外国人用外貨ショップで初めて会い、脇道に車を停めて言った。「ソ連を出国されるなら歓迎します」。しかしベトロフは

「私は国を離れたくない。3年間DSTと働きたい」と答え、フォルダーに入れた書類を渡した。アメイルはそれらの文書を外交行嚢でパリに送った。

手書きで所感を記したような書類だった。「次はずっと面白いものを渡す」とも言った。さらに、次の待ち合わせを「3月13日、ボロディノ戦闘博物館近くの小さい公園」と指定し、場所を教えた。その際、ベトロフは2冊の小冊子を渡し、月曜日にKGBに持ち帰るので、週末にコピーするよう指示した。

3月20日には、ベトロフは200ページ以上の非常に厚いバインダーを持ってきて、「有名な（軍需産業委員長の）スミルノフ・ファイルだ」と言った。このようにして、秘密文書の継続的漏洩が始まった。

文書の受け渡しで苦心

5月15日、アメイルはベトロフに、担当が自分から後任のパトリック・フェランに代わると伝えた。リクルートしたスパイを担当する工作員は「ハンドラー」と呼ばれる。フェランはベトロフが機密情報をフランス側に提供し始めてから、早くも2人目のハンドラーとなった。ソ連側に気付かれないよう目先を変えることも考えたのだろう。

フェランは身長が195センチもあり目立った。5人もの娘がいた。偽装のためか、最初の文書受け取りでは、妻マドレーヌがベトロフに会うことになった。5月22日午前11時きっかりに、チェリョムシキ市場の出口でベトロフと会い、駐車場で一緒にベトロフの車に乗り込み、車内でベトロフは彼女が持っていた大きいバスケットに分厚い書類を押し込み、フランス大使館が見えたところで彼女は車から降りた。失敗はなかったが、課題も見えた。

フェランとベトロフは直接会い、文書受け渡しの方法を見直した。フェランは西側でしばしば使われる「デッド・ドロップ」という方法を提案した。人の行き来が少ない公園の隅などの隠し場所に書類を隠し、相手側はそれを受け取るという方法だが、ベトロフはソ連では見つかると反対した。また小型カメラで写真に撮り、フィルムを渡す方法も実際に何回かやってみた。

結局ベトロフは「自然な方法で」と主張し、一番最初に使われた「ボロディノ戦闘博物館近くの小さい公園」で受け渡しを続けることになった。妻スベトラーナがこの博物館で働いており、自分が行き来しても変に不審視されないと考えたようだ。

6月以降、毎週金曜日の19時に上記の小さい公園でベトロフがフェランに文書を渡し、フェランは大急ぎでコピーして、翌日朝にオリジナルの文書をベトロフに返す、という方法で文書をＤＳＴに漏洩し続けた。

6月、フェランはベトロフに初めて、1000ルーブルの報酬を渡した。それだけで当時の月給の2倍にもなる。総額は年末までに2万5500ルーブルに上った。しかし、ベトロフは金が第一の目的ではなかった。動機は社会主義とKGBに対する「リベンジ」だと、ロシアのセルゲイ・コスティンと、フランスのエリック・レイノーの両ジャーナリストが著したノンフィクション大作『フェアウェル』は繰り返し書いている。

6月までの成果はDSTからミッテラン大統領に伝えられたはずだ。7月のサミットで「フェアウェル」の概要をレーガンに伝えた。報告をまとめたアメイルにミッテランは手ずから勲章を授与しており、インテリジェンスの快挙と印象深く記憶したに違いない。

7月末から年末にかけても、作業は順調に進んだ。9~11月は毎月2回、12月は1回、2人は会い、文書を受け渡しした。

殺人事件を起こし、連絡を絶つ

年明けの1982年1月26日19時、フェランはベトロフとあの小さい公園で会ったようだが、ベトロフの様子がおかしかった。次は2月23日の予定だったが、その日は姿を見せず、連絡も取れなくなってしまう。

事態は2月22日に急変していた。この日、ベトロフは殺人罪で逮捕されていた。

仕事を終えた後、彼は愛人のリュドミラ・オチキナと会い、車の中でシャンペンを飲み、突然刃物で彼女を何度も刺した。何をしているのか、と男が車内をのぞきこんで窓をノックしたので、ベトロフはドアを開けて、今度はその男を刺し、倒した。その隙にリュドミラはバスの停留所に向かって逃げた。

ベトロフはいったん帰宅した後、また車に乗って出て、10分後に逮捕された。レオニード・ブレジネフやユーリー・アンドロポフら共産党のトップが住む住宅街を通過した際、警戒中の警官らが緊急手配されていたベトロフの車のナンバープレートを確認し、停車を指示した。

ベトロフは退職警官とみられる50代の男性を殺害していたが、リュドミラは死ななかった。KGB要員の犯罪は軍人や警察官などと同様、軍検事が取り調べ、軍法会議で裁判が行われる。それと同時に、ベトロフの自宅などの捜索が行われ、書類が押収された。

妻への手紙の内容がばれて万事休す

ベトロフは起訴され、レフォルトボ拘置所で拘束された。1982年9月初めに裁判が始まった。11月3日に判決が出て、殺人罪などすべての起訴事実が認定され、懲役15年を言い渡された。当時のソ連では15年が懲役刑の最長期間だった。

それから約6カ月後の1983年3月、ベトロフはシベリアのイルクーツク刑務所への移送を命じられた。当地のKGBは彼をより綿密に監視するよう指示された。ベトロフはすでに西側の情報機関との関係を疑われていた。ベトロフをめぐってKGBとDSTの暗闘が始まっていたのである。

結局、軍配はKGB側に上がった。1983年8月30日、KGB捜査部は反逆罪でベトロフの裁判手続きを開始した。厳しいイルクーツク刑務所暮らしは5カ月間で終わり、再びモスクワのレフォルトボ拘置所に戻されて、取り調べを受けることになった。

1983年9月、ベトロフが「私の刑期短縮のためか」と答えると、KGB捜査部の捜査官が、君はなぜモスクワに戻されたのか分かるか、と尋ねた。ベトロフが「私の刑期短縮のためか」と答えると、殺人事件は軍検事の仕事で、われわれは国家に対する犯罪を捜査すると捜査官は言った。初日の捜査はそれだけで終わり、何が引き金になって新しい捜査を始めたのか、独房で考えよ、とベトロフは言い渡された。ベトロフは観念したのか、翌日から自供し始めた。自分を担当するDSTのハンドラーだったアメイルとフェランのことも認めた。KGBに対する怒りや上官たちに対するリベンジも口にした。

全面的に自白せざるを得なくなったのは、KGBの綿密な捜査とベトロフのうっかりミスの結果だった。

ミスは、6月にある受刑者仲間が刑期を終えて出所する際、妻あての手紙を託して、出所後投函するよう頼んだことだ。その元受刑者は出所する前にイルクーツク刑務所の当局者にその手紙を渡した。余計なことに絡むのを避けたとみられる。

手書きのその手紙には、イルクーツク刑務所は長くなるのでフランス人に連絡するように、という趣旨の内容だった。

ベトロフが手書きした文書を筆跡鑑定

ＫＧＢはその手紙を読んで動き始め、それまでの極秘捜査で判明した事実も集めて、ベトロフに対する容疑を固めたのだった。第一の容疑は、フランス政府が１９８３年４月に突然、外交官などに偽装したＫＧＢとＧＲＵの工作員計47人を国外追放した事件に関連する事実だ。この措置は、在モスクワ仏大使館のテレプリンターなどに、ＫＧＢ当局につながる分岐線が取り付けられていたことが１月に判明したことに対抗する国外追放だった。フランスがパリの外務省と交わした公電は１９７６年冬以来、ロシア側に流出していた。国外追放処分にした47人の名前はベトロフが書いたリストに含まれていた。

第二の容疑は、ＫＧＢ第１総局Ｔ局がリクルートした西側諸国のスパイが次々逮捕される事件が相次いだが、それらの事件では、ベトロフが手書きしたリストが根拠にされたことが判明していた。ソ連の同盟国の情報機関がそのリストを入手し、筆跡鑑定士が確認したという。

ベトロフが元愛人を殺そうとした動機については、ベトロフが言い出した別れ話に彼女が反対、別れたら当局に通報すると脅していた、という情報があった。彼女はベトロフのポケットに機密文書が入っていることに気付いたことがあり、ベトロフは口封じのため殺そうとしたというのだ。

万事休す、だった。1984年12月14日、ソ連最高裁軍事法廷で死刑判決が言い渡された。

妻は42日後の1985年1月25日、2日前に死刑が執行されたことを知らされた。死亡証明書を受け取っただけで、遺体が家族に返されることはなかった。

リアルタイムで世界を変えたスパイ

これまでに、ソ連から最も大量の文書を持ち出したスパイ、とされているのはKGB第1総局の元文書管理官ワシーリー・ミトロヒン（1922～2004）だ。「ミトロヒン文書」は1930年代以降の計2万5000ページに上る文書群から成る。

彼は1991年のソ連崩壊後に、旧ソ連構成国の一つラトビアの首都リガで、米大使館を訪れて文書のコピーを見せた。だが、ＣＩＡリガ支局は「偽物」とみて相手にしなかった。しかし英大使館は関心を示し、１カ月後に英対外情報機関ＭＩ６の承認を得て、文書を抱えて家族ごと英国に亡命した。著名なケンブリッジ大学教授クリストファー・アンドルーとの共著で２冊の本を出版し世界で高く評価された。ただ、歴史的価値はあっても現実の国際関係に直ちに影響を及ぼすことはなかった。

ベトロフが持ち出した文書はその６分の１の規模だが、リアルタイムで文書を漏洩し、リアルタイムの米ソ関係に強いインパクトを与えた点が大きい。フランスを通じて「フェアウェル文書」を入手したレーガン政権は１９８３年、ソ連を「悪の帝国」と決めつけ、ソ連封じ込め策を次々に繰り出し、最終的にソ連を崩壊させた。まさに、ベトロフは世界を変えたスパイだったのだ。

第2章
レーガンが工作を立て直す

1．アフガニスタンにイスラム戦士を集結させる

「帝国の墓場」の陥穽

レーガン秘密工作の二番目「アフガニスタン工作」は一番目のハイテク技術をめぐる米ソ情報戦争とほぼ同時並行で進められた。

アフガニスタンは「帝国の墓場」と呼ばれる。紀元前のアレクサンダー大王の時代からユーラシア大陸を駆け抜けたモンゴル帝国などの歴史的な戦場となった。大英帝国は19世紀から1919年まで3次にわたるアフガン戦争で負け続けた。

発端は時代が少し遡る（さかのぼる）が、そんなアフガニスタンに1979年末、ソ連軍が侵攻し、約10年間続いた戦争がソ連の崩壊を早めた。米軍は2001年の米中枢同時多発テロ後に侵攻、テロの主犯ウサマ・ビンラディン（1957〜2011）を匿った（かくまった）アフガニスタンのタリバン政権をいったん打倒したが、タリバンはその後勢力を再結集して反攻に転じ、結局米軍も20年後の2021年に敗退した。

中央アジア南部の戦略的要衝に位置する内陸の資源国で、18世紀半ば以降、いくつかの王朝支配が続き、1973年に王制から共和制に移行した。タジキスタンやウズベキスタ

ンといった近隣国の民族やトルコ系、イラン系の民族も含む多民族国家で、険しい山岳地帯が続く地形でもあり、統治が難しく、政権は目まぐるしく変化してきた。

1978年4月、ソ連の支援を得たヌル・ムハンマド・タラキ人民民主党書記長が革命評議会議長に就任した。人民民主党とソ連はこの政権の発足を「革命」と標榜した。だが政権基盤は弱かった。約1年半後の1979年9月にクーデターで打倒され、タラキは死亡、同党のハフィズラ・アミン新議長が就任して約3カ月後に、ソ連軍がアフガニスタンを侵攻した。それに対し米国はどんな秘密工作を展開したか。公開された米ソの機密文書などで明らかにしていきたい。

首脳にKGBから金

アミン議長は政権に就いてすぐ、米国寄りの姿勢を示したとみられてソ連侵攻を招いた。実は、タラキもアミンも国家保安委員会（KGB）のカブール支局長から何年間も金をもらっていた。その事実は、ワシーリー・ミトロヒン元KGB文書管理官が持ち出した「ミトロヒン文書」に明記されている。[*1]

1978年に成立した人民民主党政権は、ソ連の支援で初めてアフガニスタンに生まれた社会主義政権だった。しかし独立国家として統治を進めるための人材が不足していたのは明らかだった。タラキに代わってアミンが議長に就任するや、アミンは傲慢な態度を示したという。アフガニスタンの外国銀行口座から4億ドルの預金を引き出す許可をKGBから得ようとしたこともあった。

このためKGBは意図的に「アミンは米中央情報局（CIA）のエージェント」とする間違った情報を流した、と元ワシントン・ポストのスティーブ・コル記者は書いている。結果的にその情報は、インテリジェンスの世界でよく言う「ブローバック」という事態を招き、混乱を招いたという。ブローバックは、誤情報ないしは謀略情報を流した結果、想定外の反響を招き、逆効果をもたらす状況のことを言う。

KGBが書記長に「機密情報」

1979年12月初め、ユーリー・アンドロポフKGB議長（後にソ連共産党書記長）がレオニード・ブレジネフ書記長に手書きのメモを渡した。「舞台裏のアミンの活動に関して、彼が政治的に西側寄りに方向転換する可能性を示すとの情報を得ている」というのだ。具体的にアミンは、

- われわれには秘密で、米大使館の臨時代理大使との接触を続けている（傍点筆者）。
- ソ連とは距離をとり、中立政策を進める、と部族長らに約束した。

・非公開の会合でソ連の政策や専門家の活動を攻撃した。
・ソ連大使は事実上、首都カブールから追い出された。

などと批判。その結果、タラキ前政権による1978年4月の革命の成果を失う危険があり、アフガニスタンにおけるソ連の立場が損なわれる脅威もあると警告した。

アンドロポフは、当時外国に居住していたバブラク・カルマル（ソ連軍侵攻後に革命評議会議長）らアフガニスタンの共産主義者と協議中だった。カルマルらは新しい国家建設のため反アミンの行動を起こす計画だ、とアンドロポフは報告した。[*2] この文書は米民間調査機関「国家安全保障文書館」が入手した。

タラキ前政権は前年の革命後、ソ連と友好善隣協力条約を締結し、悪化する国内治安対策のため20回以上もソ連軍の派遣を要請したが、ソ連は拒否し続けていた。それが一転して、軍事介入に戦略を大転換した裏に、アンドロポフ・メモがあったのだ。

＊1　Christopher Andrew and Vasili Mitrokhin, *The Mitrokhin Archive II: The KGB and the World*, 2005, pp.386~418

＊2　米民間調査機関「国家安全保障文書館（National Security Archive）」"*The Soviet Invasion of Afghanistan*," Jan. 29, 2019, Document 4

先述の駐アフガニスタン米臨時代理大使とアミン議長の「接触について」は、10月28日付でアーチャー・ブラッド臨時代理大使自身が国務長官宛に送付した「アミン議長との会談」と題する公電に明記されている。[*3] アミン議長との会談は前日27日の朝に行われ、議長はその際、米国との関係改善を求めたが、具体的な提案はなかった。アンドロポフ議長が言う「秘密接触」などではなく、初顔合わせの会談で、40分間会話しただけのようだ。

KGBの「誤解」で侵攻した「悲喜劇」か

アミン議長は1929年生まれ。ソ連側の情報でもミステリーに包まれた部分がある。カブール大学卒業後、米国のコロンビア大学に留学した。しかし博士号が取れず米国に恨みを残したとも言われる。また、留学中にCIAとの関係が指摘されるアジア財団と接触した。アミン議長の死後、彼のノートに「自分の手書きで記したCIAの電話番号」が発見された、といった情報も流された。だがアミン議長をCIAのスパイとする決定的な証拠は見つかっていない。

反対に、ソ連軍侵攻の3週間前、ソ連に狙われているとも知らず、自分の公邸警備のため500人のソ連軍参謀本部情報総局（GRU）部隊の派遣を要請して認められ、さらに駐アフガニスタン・ソ連大使と訪ソ計画を話し合っていたとの情報もある。ソ連軍のアフガニスタン侵攻は、KGBの「誤解」が引き金を引いた、という歴史的な「悲喜劇」だった可能性がある、ともコルの著書は指摘している。

このようにKGBの情報が重視されて、ソ連軍のアフガニスタン侵攻は実行されたようだ。それに加えて、ブレジネフ・ソ連共産党書記長自身がアミンを嫌っていた。

参謀総長はソ連軍派遣に反対、「政治的解決」を要求

ソ連首脳部の警戒感は強まるばかりだった。12月8日、ブレジネフ書記長のオフィスで行われた一部の共産党政治局員の会議では、アンドロポフ議長は、防空システムが弱いソ連南部に向けて、米国がアフガニスタンにパーシング地対地核ミサイルを配備する危険性がある、とまで言及した。米国とアフガニスタンの間でそんな計画などまったくなかった。

だがソ連としては、アミンを排除してアフガニスタンの共産主義を強化するため決然と行動しなければならない、とアンドロポフは助言した。

予備的な計画として、①アミンをKGBの特殊工作員により排除し、後継者にカルマルを立てる、②同じ目的でソ連軍部隊をアフガニスタンに派遣する——という計画を立案す

＊3　同、Document 2

ることになった。

この問題、12月10日にドミトリー・ウスチノフ国防相がニコライ・オガルコフ・ソ連軍参謀総長を呼んで、上記政治局の予備的な決定を伝え、7万5000〜8万人の部隊編制の準備を指示した。この決定にオガルコフ参謀総長は驚いて憤激、7万5000人の兵力で事態は沈静化しない、と部隊派遣に反対した。

国防相はこれに対して「君は政治局を指導するのか？　君の任務は命令を実行することだ」と部隊の派遣を断固命じた。オガルコフは当日のうちに、ブレジネフのオフィスに出頭し、一部の政治局員を前にして、「アフガニスタンの問題は武力の行使ではなく政治的手段で決着を付けるべきだ」と主張したが、相手にされなかったようだ。[*4]

政治局会議は12月12日、アフガニスタンへの出兵を最終決定した。アレクセイ・コスイギン首相は病気を理由に欠席した。こうした主要な決定には終始、政治局のアンドロポフ議長、ウスチノフ国防相、アンドレイ・グロムイコ外相の3人がかかわった。[*5]

最初は毒殺狙い失敗、クリスマスの日に侵攻

ソ連軍とKGBの秘密工作部隊は12月初め、ひそかにアフガニスタンに侵入。12月7日、アミンに代わるカルマル前副議長がKGBに守られてツポレフ134機でバグラム空軍基

地に到着。ＫＧＢ暗殺部隊はアミンの公邸を包囲。最初は台所に侵入して毒殺する計画だったが、失敗。次いで狙撃手がアミンを狙ったがそれも失敗した。

このためＫＧＢは大部隊により公邸の正面から攻撃する案に従って、12月24日にソ連軍空挺(くうてい)部隊が到着、12月25日に戦車部隊が国境を越えた。アフガニスタン軍の制服に身を包んだソ連正規軍とＫＧＢ準軍事部隊７００人以上がアミンと側近の殺害工作に着手。公邸に突入し、アミンを銃殺、数十人のＫＧＢ隊員が殺害された。[*6] 日本の年表や年鑑はアミン殺害の日を12月27日としているが、ソ連の資料では25日となっている。

ソ連の軍事介入でカルマル前副議長が議長となり全権を掌握した。ソ連共産党政治局はソ連軍侵攻は短期決戦とみていたが、実際には戦争は約10年間続いた。

ＣＩＡとパキスタン、サウジの情報機関が「連合」

ソ連軍アフガニスタン侵攻の翌日、12月26日にズビグニュー・ブレジンスキー大統領補

＊4　同、Document 5
＊5　同、Document 7
＊6　Coll, *Ghost Wars*, pp.49~50

佐官（国家安全保障担当）はジミー・カーター米大統領あてにメモを提出し、侵攻後に米国が取るべき戦略について、次のように進言した。[*7]

●アフガニスタン人の抵抗運動の継続が不可欠だ。抵抗勢力への武器供与と同様、資金供与、さらに技術的助言が必要だ。
●パキスタンに対して抵抗勢力への支援を再確認すべきだ。対パキスタン政策の見直しや軍事援助の増加が必要となる。
●中国に対して抵抗勢力を支援するよう奨励すべきだ。
●イスラム諸国との協力で、プロパガンダ作戦および秘密工作で抵抗勢力を支援すべきだ。
●ソ連は次はインド洋への直接の出口という長年の夢を実現しようとするのではないか。

さすがにブレジンスキーはヘンリー・アルフレッド・キッシンジャーと並ぶほどの戦略家の補佐官である。

この「イスラム諸国との協力」という提案をすばやく実行した。ソ連軍およびアフガニスタンの共産主義者（人民民主党）と戦うムジャヒディン（イスラム戦士）を支援するため、

CIA、パキスタン三軍統合情報部（ISI）、サウジアラビア統合情報局（GID）の3情報機関で異例の「連合」を組んだ。

ただカーター政権は積極的な介入を避けていた。カーター政権がISIを通じてムジャヒディンに提供した武器に高度なものはなく、主として中国政府から購入した突撃銃や擲弾発射器、地雷、対空砲など、朝鮮戦争当時の旧式兵器にとどめた。ソ連を過度に刺激するのを避けたとみられる。

その後CIAは20億ドル以上、GIDは27億ドルの戦費を提供。それをISIが使い、秘密工作を実行するという枠組みでスタートした。サウジの王族や宗教指導者、一般市民はムジャヒディンやアフガニスタン難民支援に45億ドルを支出したという。1985年以後、米議会はこれとは別に秘密工作用資金として年間5億ドル前後の資金を拠出した。

工作の最高責任者でもあったパキスタンのジアウル・ハク大統領（元陸軍参謀長）は、この戦いをムジャヒディンによる「ジハード（聖戦）」と位置付けた。この戦略に沿って、ハクはアフガン国境地帯を中心に、ムジャヒディン養成のためイスラム神学校（マドラッサ）を次々と建設した。1971年にはパキスタン全国で約900校しかなかったマドラッサ

---

*7 National Security Archive, "*The Soviet Invasion of Afghanistan*," Document 8

は、1988年には約8000校に増えた。サウジアラビアなどが資金を出した。その結果、後になってイスラム原理主義勢力「タリバン」が増殖する結果をもたらすことになるが、この時期は敵のソ連軍に勝つことを優先していた。

「秘密工作」を立て直したレーガン

1984年以降、ソ連軍は攻撃態勢を見直した。第一に、精鋭の特殊部隊「スペツナズ」を動員した。その兵員はスペツナズ全体の約3分の1に及ぶ2000人弱に達した。ヘリコプターでムジャヒディンの補給ルートを爆撃するなど攻勢に出て、戦況を改善した。現地を視察した米上下両院議員らは、ムジャヒディン側に不利な戦況、と懸念し始めた。同時にソ連国防省は、2年以内の勝利、という目標を掲げた。東ドイツ駐留ソ連軍司令官ミハイル・ザイツェフ大将を1985年春にアフガニスタン司令官に充てることが分かった。また、新しいソ連共産党書記長にミハイル・ゴルバチョフが就任するとの情報が伝えられた。

これに対応して、レーガン政権はアフガニスタンの態勢を立て直すことになった。

1984年10月、CIAのウィリアム・ケーシーCIA長官はC141輸送機に搭乗してパキスタンを訪問。ヘリコプターに乗り換え、アフガニスタン国境に近い地域に設置された3カ所のムジャヒディン訓練キャンプを回り、重火器の扱いやCIAが提供したC4プラスチック爆弾の製造状況を視察した。

これらの基地などに、世界の43カ国から約3万5000人ものイスラム原理主義の若者たちが集まった。アフガニスタンを目指し、国境に近いパキスタンのペシャワルに集まった。ペシャワルは急造のアフガニスタン支援センターになった。著作『タリバン』で知られるパキスタン人ジャーナリスト、アハメド・ラシッドによると、パキスタンのマドラッサで学んだ若者を合わせると、その数は10万人を超えたという。

これを受けて、レーガン政権は3月27日、「米国のアフガニスタン政策と計画、戦略」と題する次のような「国家安全保障決定指令166号（NSDD166）」を決定した。

ソ連のアフガニスタン侵攻は6年目に入り、米国の戦略は、①抵抗勢力のための秘密工作、②ソ連軍撤退の圧力を加える外交戦略――の2本立てで、次のような課題を挙げている。

- 最終目標はソ連軍の撤退。
- イスラム世界におけるソ連の孤立化を深める。
- ソ連侵攻に抵抗する勢力の敗北を阻止する。

●米国の秘密工作へのインテリジェンス支援を強化する。
●ソ連の脆弱性に焦点を当てたインテリジェンスを活用する。
●抵抗勢力が戦闘で使う物資の供給増を図る。
●パキスタンとの不可欠な協力関係を維持する。

有効だったスティンガーとコーラン

ＮＳＤＤ１６６で、１９８５年以降ムジャヒディンへの支援を秘密裏に強化し、ソ連軍を撤退させて勝利する、という目標が明確になった。

ＣＩＡは、ソ連軍と戦う抵抗勢力を鼓舞するため、イスラム教の聖典コーランとともに、ウズベキスタンにおけるソ連の残虐行為とウズベク人の英雄的行動を描いた本を何万冊も印刷し、パキスタンに運び込んだ。米国は、約15年後の２００１年の米中枢同時多発テロ以後の「対テロ戦争」当時とは百八十度違う工作に没頭していたのである。

また、秘密工作のレベルを大幅に引き上げ、ハイテク兵器および高度な情報の提供にも努めた。偵察衛星によって得たデータから、ソ連軍に対する攻撃目標を正しく確認し、ソ連軍の通信情報（ＣＯＭＩＮＴ）とともにムジャヒディン側に伝えた。それにより、ゲリラ攻撃のタイミングや迫撃砲を発射する目標が正確になった。

米国が提供した精密兵器の中では、肩掛け式で発射する携帯型スティンガー地対空ミサイルが最も威力を発揮し、注目された。システム全体の重量は約15キロで兵士による携行が可能。超音速で最速はマッハ2・2。「赤外線ホーミング誘導装置」で軍用機を正確に追尾する。携帯型地対空ミサイルの中では命中精度が最も高く、約80％に上る。ソ連軍機約450機を撃墜し、ソ連軍に多大な損害を与えた。

ソ連軍との戦いでは「必要だったのはコーランとスティンガーの二つだった」と後の「北部同盟」最高指導者、故アフマド・シャー・マスード元アフガニスタン国防相は分析したと伝えられている。マスードは米中枢同時テロ直前にテロで殺害された。

月300ドルでムジャヒディンを集めたビンラディンと恩師

ただ、CIA内にはスティンガーの提供に対して反対論があった。厳格に管理しないと、戦場で奪取される危険があり、戦後に回収されないとイスラム教勢力に渡されてしまう恐れがあった。現実に、イランが何らかの方法でスティンガーを入手した事実が明らかになっている。

CIAはアフガニスタン内に多数の協力者を開拓した。CIAは彼らに、地位に応じて7段階で「手当」を支払っていた。地域の司令官レベルは月2万～2万5000ドル、より影響力のある司令官は月5万ドル、1州か2州にわたり影響力を行使するリーダーには月10万ドルを支払っていたという。

そこでしばしば問題提起されるのは、米中枢同時多発テロの首謀者、ビンラディンとCIAがどのような関係にあったか、だ。ビンラディンは1986年、ムジャヒディンの基地が置かれたパキスタンのペシャワルに到着した。ほぼ同時期、ケーシーCIA長官から「秘密工作拡大」の任務を受けたミルトン・ビアデンがCIAイスラマバード支局長に就任した。

ビアデンは「ビンラディン自身は実際、いくつかの良いことをした。多額の金をアフガニスタンで適切に使った。彼は反米とはみられなかった」と言う。

ペシャワルには、2年前の1984年にイスラム原理主義者の大物アブドラ・アザムが既に入っていた。アザムはヨルダン川西岸の生まれで、カイロの大学でイスラム法学を学び博士号を取得、ハマスの創設にもかかわった過激な聖戦主義者（ジハディスト）として有名な存在だった。サウジのジッダ大学で教えた後、ペシャワルに移った。実は、ビンラディンのジッダ大学での恩師だった。

2人はペシャワルに拠点を置き、ビンラディンが一人に「月300ドル」を払うので、アフガニスタンで戦いたい者は来たれ、とアザムが世界各国のイスラム組織に呼びかけ、ムジャヒディンを集めたというのだ。[*8] 彼らの意図はどうあれ、実質的にＣＩＡの秘密工作に協力していたのだった。

ビンラディンの父親モハメド・ビンラディンはサウジアラビアの大手ゼネコン「サウジ・ビンラディン・グループ」を一代で築いた。サウジ王室と近く、閣僚にも抜擢された。ウサマは遺産相続で得た3億ドルをテロも含めた活動資金に充てていた。

彼は１９９０年の湾岸危機、翌年の湾岸戦争で米軍がサウジアラビアに基地を設置したことに反発したため、サウジアラビアを追い出され、「反米」の旗幟を鮮明にした。アフガニスタンに戻り、今度は対米攻撃を目標に掲げた。

ＧＩＤのトゥルキ・アル・ファイサル長官は１９９８年、タリバンの最高指導者ムハンマド・オマル師に会い、ビンラディンの身柄引き渡しを要請した。オマルが返答する前に、ビンラディンはケニアとタンザニアの米大使館を攻撃、米国は報復としてビンラディンの基地をミサイル攻撃した。ビンラディンは10分前に危うく基地を離れ、助かった。結局オマルはトゥルキの要請を拒否し、3年後に米中枢同時多発テロが起きた。敵と味方が目まぐるしく変化する時代だった。

＊8　Coll, *Ghost Wars*, pp.153~155

ゴルバチョフの苦渋

1985年3月11日、ソ連共産党書記長に就任したゴルバチョフが最優先で取り組んだ大仕事は「敗戦処理」だった。

3日後の14日、アフガニスタンのカルマル革命評議会議長と会った際に、「ソ連軍は永久にアフガニスタンに駐留できないことを理解せよ」と釘を刺した。[*9]

そして10月17日、政治局会議でゴルバチョフは「それ（アフガニスタン侵攻）を終わらせる決意をした」と表明、カルマルにその概要を話した。カルマルがあぜんとしていると、ゴルバチョフは「1986年夏までに君の国をどう守るか学んでおきなさい」と指示、「ソ連は当面、君たちを助けるが兵隊ではなく、航空機や砲などの装備によって」と話した。[*10]

しかし、アフガニスタン側が指示に従わず、カルマルが失脚したことにゴルバチョフは1986年11月13日の政治局会議で「戦争に入って6年。この調子だとさらに20年、30年続くと言う者もいる」といらだち、「わが軍の能力に問題がある。将軍たちは教訓を学んでいない」と怒った。そして「ソ連軍の撤退後に、米軍が派遣されるわけでもないのだから、勇気ある決定をしてほしい」と言い渡した。[*11]

翌1987年2月23日の政治局会議でもまだ問題は片付かず、ゴルバチョフは「始めたが、出ていくのはどうするんだ。何も考えずに早く撤退して、始めた元の政権を非難することはできる」とぼやいた。[*12]

酒を酌み交わした米ソの「トップスパイ」

この年末12月4日に、ホワイトハウスの裏手にあった小粋なフレンチレストラン「メゾン・ブランシュ」で米ソの「トップスパイ」が初めて夕食を共にした。ロバート・ゲーツCIA副長官（後に長官）とウラジーミル・クリュチコフKGB副議長（同議長）だ。

4日後にレーガン、ゴルバチョフ両首脳が中距離核戦力（INF）廃棄条約に調印するのに備えて訪米した副議長が、コリン・パウエル米大統領補佐官に頼んで実現した歴史的顔合わせだった。

---

*9　National Security Archive, "*Afghanistan and the Soviet Withdrawal 1989*," Feb. 15, 2009 Document 1
*10　同、Document 3
*11　同、Document 5
*12　同、Document 7

ゲーツはマティーニ、クリュチコフはウイスキーを飲み、互いに腹を探り合った。ゲーツはソ連側が米国の内情に詳しいことに驚いた。当時、KGBのスパイとしてリクルートされていたオルドリッチ・エイムズ元対ソ・ロシア防諜部長がCIA内で現役として働いていた。エイムズが逮捕されたのは7年後のことだ。

話題がアフガニスタン問題になると、クリュチコフは「ソ連軍を撤退させたいんだ」と繰り返した。政治的にうまく解決しないと「イスラム原理主義国家が生まれ、手詰まりになる」と憂慮した。

5日後の米ソ首脳会談でゴルバチョフはレーガンに、ソ連軍撤退後も米国が反政府勢力への支援を継続すれば、流血の混乱が続くと警告した。

首脳会談後、ゲーツはマイク・アマコスト国務次官（後に駐日大使）を相手に、「レーガン政権任期中にソ連軍のアフガニスタン撤退が決まるかどうか」を賭けた。ゲーツは「ノー」に賭けて負け、25ドル支払ったという。そんな挿話が米メディアに掲載された。

削除された「米国の武器提供停止」の一項

その機会に、米ソが協力してイスラム原理主義のムジャヒディン対策にもっと真剣に取り組んでいたら、2001年の米中枢同時多発テロは防げたかもしれない。

ソ連軍のアフガニスタン撤退は、1988年4月14日に欧州国連本部で「ジュネーブ協定」にパキスタンとアフガニスタンが調印、米ソが保障する形で正式に決まった。すべてのソ連軍部隊は1989年2月15日撤退した。ただ協定はソ連軍撤退の手順を定めただけだった。

米国からパキスタンを通じてムジャヒディンに渡される武器の提供を「取りやめる」とする一項は最終的に削除された。米国は1985年12月の段階では「取りやめる」ことに合意していたが、最終的に態度を一変させた。

ゴルバチョフは裏切られた、と感じたが、ソ連軍撤退を決めていたので異議を唱えなかったという。米国は当時、アフガニスタンの「非共産化」を優先させたとみられ、テロ対策への見識を欠いていた。米ソ双方とも、ソ連軍撤退後のアフガニスタンに平和を構築する努力をしなかった。

ソ連が支持したアフガニスタンの社会主義政権は、ソ連軍撤退から3年後に崩壊。一時旧ゲリラ8派から成る暫定連合内閣が発足したが、各派間の対立で内戦が拡大した。結局1998年にタリバンが全土を制圧。タリバンに保護され、アフガニスタンを本拠にした「アルカイダ」が2001年、米中枢同時多発テロを起こすことになる。

ソ連軍の戦費は現在の価値で推定12兆円

米ソが保障した形で合意したジュネーブ協定には、「成功」と呼べる成果は見られない。ソ連軍撤退後の「非軍事化」も「自由選挙」も決められておらず、ただソ連軍介入の終了を確認しただけだった。ソ連は国力がひどく消耗し、とにかく撤退せざるを得なかった。当時のアンドロポフKGB議長らが先頭に立って決めたアフガニスタン侵攻は、インテリジェンスからして間違っていたのだ。

ソ連軍の動員総数は、当初の8万人から1986年時点で12万人に増加、のべ62万人に上った。最初の7年間でソ連軍死傷者は3万〜3万5000人、うち死者はその約3分の1以上で、1万5000人近くに上った。傷病兵の手当は戦後何年も続き、国家財政への負担がかさんだ。アフガニスタン人市民を含む死者総数はざっと100万人以上に上った。

失われた兵器は、航空機451機、戦車147両、装甲兵員輸送車など1314両で、戦費総額は最初の7年間で約500億ドルに上った。この額は40年後、2019年のドル換算で1150億ドル（当時の為替レートで約12兆円）に達する。*13

これに対して、米国がソ連軍のアフガニスタン侵攻に対して費やした工作費は、総額約30億ドルとケタ違いに少ない。それでも当時ではCIA史上最大の秘密工作と言われた。

秘密工作に充てる財政規模は、戦争に比べると、圧倒的に少ない額で済むのだ。
米ブラウン大学の調査研究では、米国の「対テロ戦争」戦費総額は約8兆ドル、という
ケタ外れの額に達する。現在のドル価値で、日本の累積財政赤字に並ぶほどの1000兆
円以上に上る。それほどの巨額を投じて、なお7000人を超す戦死者を出しても、米国
は対テロ戦争に勝てなかったのである。
ソ連のアフガニスタン侵攻が終了して2年後の1991年末、ソ連は崩壊する。連邦内
に15の共和国を抱え、東欧の社会主義国8カ国を率いたソ連は崩れ落ちるようにして倒れ
た。

2. SDIは「騙(だま)しのプロジェクト」

ソ連の最も弱い急所は、経済だった。ソ連にとどめを刺す「経済戦争」を次章で詳述する。

レーガン米大統領は、ベトロフ情報を1981年末から翌1982年初めまでフランス

*13 CIA, "The Costs of Soviet Involvement in Afghanistan," 1987, CIA分析部門が2000年に情報公開サイトに掲載した。いずれの数字も推定。

を通じて入手していた。しかしベトロフは2月にロシア当局に逮捕された。彼の情報で、ソ連が対共産圏輸出調整委員会（ＣＯＣＯＭ）の規制網をかいくぐって、西側のハイテク技術を得て軍備を増強してきた事実をレーガンは知った。

ソ連に対するリベンジに命をかけたベトロフ。レーガンはそんなベトロフの怨念を引き継いだのかもしれない。これ以後レーガン政権は、ソ連に対してどう対応していくか、米国家安全保障会議（ＮＳＣ）などで検討を始めた。

ソ連崩壊を目指す「決定指令」

１９８３年初めから、レーガンはソ連に対して、より一層強硬な姿勢を鮮明にし始めた。1月17日、その基本戦略を「国家安全保障決定指令75号（ＮＳＤＤ75）」で明らかにした。9ページから成るこの文書は当時は公表されず、１９９４年に機密解除された。ＮＳＤＤ75は冒頭で次の3点を「米国の任務」として掲げている。

（1）ソ連の拡張主義を封じ込める。
（2）特権を持ち、支配するエリートの権力が徐々に抑制される多元主義的な政治経済システムに向けた変革を促進する。

（3）米国の利益を保護・強化する合意を達成するためソ連との交渉に取り組む。

この中で最も重要なのは（2）で、米国がソ連の体制を「変革」させると明記したことだ。ソ連で社会主義から「多元主義」、つまり西欧的民主主義的なシステムに向けた変革を促進するには、クーデターや新たな革命以外の方法は考えられない。その実現は簡単ではないが、レーガン政権は事実上、ソ連崩壊を目指したと言っても過言ではない。

（1）の「拡張主義」で最も顕著になったのは、1970年と1975年に行った世界規模の海軍演習「オケアン70」と「オケアン75」である。この演習で世界のどこにでも戦力を投入する能力があると示したことは、米国にとって脅威だった。米国はカーター政権（1977〜81）まで平和共存の対ソ「デタント」政策を続けていたが、今やソ連拡張主義を「封じ込める」必要があるというのだ。

また、経済政策では、米国の対ソ経済関係を戦略的に進め、外交目標に「役立てる」としている。後述するが、同時にレーガン政権は対ソ経済戦争を展開することになる。「ソ連帝国」とする項目では、「ソ連が抱える重要な弱点」を米国が利用すると明記している。戦略防衛構想（SDI）の発表は、ソ連の弱点を突くのが真の目的だった。だから、技術的にSDIが可能かどうか、そんなことはどうでもよかった。

SDIの真の狙いはソ連の軍事費増

レーガンは1983年3月8日には、全米福音教会連合での演説で、ソ連を「悪の帝国」と名指しした。さらに、3月23日夜のテレビ演説で、突然SDIを発表し、ソ連側を驚かせた。

SDIという新しい軍事戦略構想について、レーガンが各軍の制服組トップ、つまり統合参謀本部のメンバーの説明を受けたのは発表からわずか1カ月余り前の2月11日のことだった。その会議にウィリアム・クラーク補佐官（国家安全保障担当）は欠席していた。発表の予定も、事前にキャスパー・ワインバーガー国防長官は知らされず、長官はポルトガルでの北大西洋条約機構（NATO）の会議に出席していた。

政権内で、技術開発の可能性を十分に検討して、決定した軍事戦略構想ではなかった。SDIの真の狙いは、米国が巨額の予算を投じて、新しい技術を開発し、敵ミサイルを撃ち落とすミサイルシステムを構築する計画を発表し、ソ連側が慌てて巨額の予算を投じればいい、ということだった。

レーガン政権は一貫して、ソ連の弱点を突くことを念頭に戦略を検討していた。

前年1982年8月のジョージ・シュルツ国務長官主催の「政策円卓会議」で、CIA

のソ連分析官としてよく知られたヘンリー・ローウェンが「10年以内にソ連の国防支出がソ連の支払い能力を超え、共産主義を放棄するかもしれない」との予測を明らかにしていた。だからソ連と対抗するにはソ連経済に可能な限りのストレスを与えるのが「カギ」となるというのだ。[*14]

レーザー兵器開発の見通しは立たず

「水爆の父」と呼ばれるエドワード・テラーは1967年、核兵器研究機関ローレンス・リバモア国立研究所での講演で、核ミサイル攻撃に対して、核爆発で生じるX線で防御するというアイデアを明らかにした。カリフォルニア州知事になったばかりのレーガンはそのテラーの講演を聞いていた。

また、レーガン自身は、米ソ核超大国が「相互確証破壊（MAD）」という「恐怖のバランス」を維持してきた現状に批判的で、新しい技術開発によるミサイル防衛に強い関心を持ったという情報も明らかにされた。

SDIは敵が発射したミサイルを新技術で防衛するシステムを開発する計画で、映画の

*14 Robert McFarlane, *Special Trust*, Cadell & Davis, 1994, pp.215~235

タイトルを取って「いわゆるスターウォーズ計画」とも呼ばれた。敵ミサイルを迎撃する新しい技術として、レーザーや粒子ビームを開発するというのだ。

いずれもSDI発表の意義を強調するためにメディアに明らかにした情報だった。

国防総省内に戦略防衛構想局（SDIO）を設置し、国立研究所や大学、企業で新技術の研究開発を行うことになった。当初の予算は約29億ドル、翌会計年度は14億ドルに削られ、本格的な研究開発は1987会計年度以降になった。それでも、レーザー兵器などの技術開発へ突破口が開かれる見通しはなかった。

実は、SDIの進展を恐れるソ連に巨額の軍事費を支出させるのがレーガン政権の真の狙いだった。実際、ソ連は石油価格の下落で歳入が大幅に減少したにもかかわらず、軍事費がかさみ、苦しむことになる。

レーガンの2人目の国家安全保障担当補佐官ロバート・マクファーレンは回想録で「1989年11月にベルリンの壁が崩壊したのを見て、歴史的に成功した証拠だ」と書いた。

第3章

ソ連崩壊のキーワードは「穀物」と「石油」

筆者は通信社のワシントン支局記者として、１９８７〜88年には米国務省を担当していた。当時、米ソ間の最大の懸案は「米ソ中距離核戦力（ＩＮＦ）廃棄条約」の交渉で、ジョージ・シュルツ国務長官やロナルド・レーガン大統領のソ連訪問に同行して4回、モスクワを取材で訪れた。

シュルツ長官の訪ソでは長官が搭乗した「エアフォース２」に空席が出たので、幸運にも同乗し、長官のクレムリン訪問にも同行できた。エカテリーナの間で、ミハイル・ゴルバチョフ・ソ連共産党書記長の尊顔を拝する機会に恵まれた。笑顔で甲高い声を張り上げる闊達（かったつ）な指導者だった。当時、ソ連に対する米国の秘密工作は最終段階にあったが、そんな事実は全く知られておらず、極秘の対ソ工作を想像する人もいなかった。

経済戦争

レーガン米政権がソ連に対して繰り出した秘密工作はこの時点までに第四期に入っていた。

第一期で、国家保安委員会（ＫＧＢ）にリベンジしたスパイが、半導体など西側製のハイテク製品の調達について詳細に記した文書をフランス情報機関に漏洩。これに対してＣＩＡはその調達ルートに「不良品」を潜り込ませた。

細工を施した半導体はソ連の天然ガスパイプラインに使用され、パイプラインが爆発するなど、ソ連は混乱に陥った。

西側諸国で調達ルートの運用に当たっていたソ連工作員約200人は1984～85年にかけて国外追放処分を受けた（1982～85年）。

第二期で、ソ連軍のアフガニスタン侵攻に対抗して、米国、パキスタン、サウジアラビアの3国情報機関が秘密工作で協力、世界から集めたムジャヒディン（イスラム戦士）にハイテク兵器を与え、ソ連軍を打倒、ソ連軍の完全撤退は1989年になった（1981～89年）。

第三期で、当面実現性のないレーザー兵器などを駆使するという巨大な「スターウォーズ計画」をブチ上げてソ連を驚かせ、ソ連は巨額の軍事費支出を迫られた（1983～89年）。

しかし、それでもソ連という巨大な連邦国家は持ちこたえた。

そして最後となる、第四期の工作で、サウジアラビアと組んだ工作を展開した。石油価格を急下落させ、ロシアの外貨収入を激減させるという経済戦争である。

崩壊のプロセスは1985年に始まった

「ソ連崩壊の経緯をたどると1985年9月13日に遡ることができる」

ソ連崩壊後のボリス・エリツィン政権で首相代行を務めたイゴール・ガイダルは自分の論文でそう断定している。[*1] 以下、ガイダルの著書と論文に沿って経緯をたどる。

ソ連はこの日、崩壊へと時を刻み始めた。サウジアラビアのザキ・ヤマニ石油相が突然、サウジアラビアの石油政策の変更を発表したのだ。それまでサウジは、石油の輸出価格を維持するため、石油生産量を低く抑えてきた。しかし、この日の発表で、全く逆に「世界の石油市場でサウジアラビアの市場占有率（シェア）を引き上げる」と宣言した。実質的に、生産量を大幅に増やすというのである。

その日までサウジの原油生産量は1日当たり300万バレル程度しかなかった。サウジの生産能力は日産1000万バレルを超すため、増産はたやすかったに違いない。増産は急速で、ガイダルの論文によると、生産量は「6カ月間で4倍に増えた」という。[*2]

サウジが生産量を増やすと、減産していた他の多くの産油国も増産に転じる。世界の石油市場は、需要と供給の関係で価格が上下する。世界の石油生産量の変化を示す、日本の資源エネルギー庁作成のグラフによると、石油輸出国機構（ＯＰＥＣ）および非ＯＰＥＣの生産量も１９８５年が底で、それ以後ずっと増産を続けてきたことが分かる。

ソ連にとって最も困るのは、増産によって石油価格が下がることだ。

サウジ国王と石油増産で合意

その裏で、レーガン政権は懸命にサウジとの関係強化に取り組んでいた。最初に行動を起こしたのはウィリアム・ケーシー米中央情報局（CIA）長官だ。サウジも、ソ連のアフガニスタン侵攻で、次はソ連軍の中東への南下を警戒しており、米国との関係強化を望んでいた。実際、ソ連は軍事顧問団をすでにサウジの周辺国に配置。その人数は当時の南イエメン1500と北イエメン500、シリア2500、エチオピア1000、イラク1000に達していた。

ケーシー長官は政権発足から約3カ月後の1981年4月、3週間にわたり中東、欧州を歴訪、サウジアラビアでは統合情報局（GID）のトゥルキ・アル・ファイサル長官と

*1 Yegor Gaidar, "The Soviet Collapse: Grain and Oil," *American Enterprise Institute for Public Policy Research*, Apr. 2007（「ソ連の崩壊――穀物と石油」）; Yegor Gaidar, *Collapse of an Empire*, Brookings Institution Press, 2007（『帝国の崩壊』）

*2 米エネルギー省の統計によると、サウジの日産量が1000万バレルを超すのは2010年以降となっている。

対ソ警戒で合意した。これ以後レーガン政権はサウジへのハイテク兵器供与を続けた。1984年に命中精度が高いスティンガー・ミサイル400基、さらに空中警戒管制機（AWACS）に加えて、サウジ駐留の米軍兵士を400人増強、2100人とした。「平和の盾」と呼ばれる防空システムも設置した。

しかし対ソ「石油戦略」では、サウジとの連携はたやすくなかった。米国側が何度石油価格の引き下げを主張しても、サウジのヤマニ石油相は高価格を維持する立場を崩さなかった。あとは当時のファハド国王に頼むほかなかった。

レーガン大統領は1985年2月、ファハド国王を国賓としてワシントンに招いた。国王が大統領と会見する間に、ヤマニとジョージ・シュルツ国務長官、ロバート・マクファーレン大統領補佐官（国家安全保障担当）らが秘密会談を続けた。

首脳会談は和やかな雰囲気で行われ、レーガンが石油価格の問題に言及した。「強いアメリカはサウジの利益です。サウジの主要な敵であるリビア、イラン、ソ連はいずれも石油の高価格で恩恵を受けている」と言い切った。米側がその見返りを提案しなくても、これで両者は合意した。

かくしてトップダウンの形でサウジアラビアが石油生産量を大幅に増加することが決まった。あとはヤマニを含めたサウジ国内の調整で、サウジは石油大幅増産を発表した。砂漠の油田で採掘するサウジの石油原価は当時1バレル1ドル50セントと安く、急いで大幅に増産しても問題が生じるわけではなかった。

ソ連は外貨収入額を維持するため、1985年中に金輸出量を約80%も増やしたが焼け石に水だった。ソ連の対西側貿易収支は1984年の黒字7億ドルから1985年は14億ドルの赤字だった。石油価格は1985年11月の1バレル30ドルから5カ月後に同12ドルになる。[*3]

年間200億ドルの外貨収入が消えた

ソ連の大問題は、石油輸出で得る外貨が減ると、その分、穀物を輸入できなくなることだ。

ゴルバチョフは共産党内の会議で、「われわれは穀物を輸入している。それがなければ生存できないからだ[*4]」と率直に語っている。

大量の穀物や他の農産物を輸入し続ける日本のような国もある。だがソ連と違い日本は、

＊3　Peter Schweitzer, *Victory*, The Atlantic Monthly Press, 1994
＊4　以下、同

工業製品の製造で付加価値を高め、加工貿易で外貨を稼ぐ。ソ連はなぜ同様の政策をとれないのか。当時ナンバー2のニコライ・ルイシコフ閣僚会議議長は別の会議で「われわれの工業製品を買う国はない。だから主として原料を輸出している」と語っている。「社会主義工業化」のせいで、付加価値のある製品を輸出できていないのだ。

このためソ連は、石油価格の低下で、年間で一挙に約200億ドル（現在の為替レートで約3兆円）もの外貨収入が減り続けた、とガイダルは指摘している。

ソ連指導部はこの困難な事態に対処しなければならなかった。ガイダルによると、選択肢は次の3つがあった。

（1）東欧の社会主義国を含めた経済圏を解体し、社会主義諸国との石油と天然ガスのバーター取引を止め、エネルギー取引では交換可能通貨での支払いを求める。この案をソ連共産党中央委員会で提案した幹部は書記長の座を失うリスクがあった（当時の書記長はゴルバチョフだったが、ガイダルは書記長を「ゴルバチョフ」とは明記していない）。

（2）ソ連の食料輸入を200億ドル削減する。現実的にこの方法を選択すれば、食料配給制を導入することになる。その結果、ソ連の経済・社会システムは1カ月も持たなくなる、と指導部は認識しており、真剣な討議に至らなかった。

（3）軍産複合体の大幅な削減。ソ連国内には軍産複合体のみに依存する都市が多々あり、指導部はこれら地域や産業エリートと対立するリスクがある。この選択は真剣に検討されなかった。

ゴルバチョフは「わな」にはまったのか

このようにソ連指導部は解決策を打ち出すことができないまま、1985年から88年までは、当座必要な資金を外国から借りて経済を動かした。この間、ソ連経済の国際的信用はなお高く、巨額の資金を借りられた。しかし1989年、ソ連経済は完全に行き詰まった。

ソ連当局は、外国銀行300行から成るコンソーシアムを作り、巨額の借款を提供してもらおう、という計画を立てた。しかしソ連の募集に答えてコンソーシアムに参加する意向を示したのはわずか5行しかなかった。当時のドイツ銀行はソ連側に「もはや商業銀行から資金の借り入れはできない」と警告したという。

そうなると、あとは西側諸国の政府から、言わば「政治的意図」がかかわった信用供与について、直接交渉を行う以外に方法はなくなった、とガイダルは書いている。ソ連はどれほどの額を必要としたのか。ゴルバチョフ自身は、ソ連経済への支援には西側から10

00億ドル（現在の為替レートで約15兆〜16兆円）以上が必要と考えており、そのことを西側指導者らとの会話で繰り返し主張していたという。

「政治的意図」がかかわった資金とは、「ドイツ統一」あるいは日本の「北方領土返還」でソ連が譲歩する見返りに、当時の西ドイツや日本が支払う資金のことを指している。

しかし、ゴルバチョフは外国から巨額の資金を引き出す政治的取引に出る手腕などなかった。

その間の事情をドイツの週刊誌『シュピーゲル』2010年9月19日号が伝えている。

1990年10月の東西ドイツ統一に向けて、西ドイツのヘルムート・コール政権とゴルバチョフ政権が金額の交渉を開始したのは2カ月前の8月。360億マルク以上を要求したソ連に対して、西ドイツはわずか30億マルクを提案。その後互いに少しずつ歩み寄り、ソ連の要求額185億マルクに対して、西ドイツは60億マルクとなった。9月にコール首相が80億マルクを提示すると、ゴルバチョフは「わなを仕掛けられた」と怒り、コール首相は最終額として120億マルクを提示。ゴルバチョフは口先では「交渉はすべてやり直さないといけない」と脅したという。

最終的には、統一の作業を通じて、西ドイツ側は総額550億マルクを支払ったという。コール首相の外交担当補佐官は後に、「ソ連が要求していたら1000億マルク」を支払っていただろう、と発言している。西ドイツは満額を用意しながら巧みな交渉で出費を抑えたのである。

ソ連との最終交渉では、統一ドイツの北大西洋条約機構(NATO)加入問題や東端の国境確定といった微妙な問題も残されていたので、ゴルバチョフ書記長兼大統領はもっと粘ることもできた。しかし現実は逆で、金額交渉の最初から控え目な額を示してしまうなど常識から外れた交渉態度だったことが明らかになった。

借りられないなら、危機に備えて外貨準備を大幅に積み増しておけばよかったが、そんな知恵もなかったようだ。だがウラジーミル・プーチン政権は全く逆だ。ウクライナ侵攻前に外貨準備を約6000億ドルまで増やしていた。ただ、その約半額の3000億ドルは、欧州の銀行に預けていて、ウクライナ侵攻に対する制裁として「凍結」される羽目に陥った。

飢餓に襲われた国民を救えず

かくして西ドイツからの資金は得られたものの、それは焼け石に水だった。1991年になると、食料輸入が滞り、ソ連はさらに転落の速度を速める。3月31日、ゴルバチョフの側近、アナトリー・チェルニャエフは日記に記す(米国家安全保障文書館所蔵の『チェルニャエフ日記』)。

昨日の安保会議。食料問題、特にパンは平均600万トンの不足。モスクワなど大都市では、2年前のソーセージと同じ。6月までに飢餓が襲うだろう。共和国では(何とか)自給できるのはカザフスタンとウクライナのみ。この国にパンがあるというのは神話だ。[*5]

ゴルバチョフは「ペレストロイカ(改革)」、「グラスノスチ(情報公開)」を掲げ、ノーベル平和賞を受賞した。しかし、ソ連を変えることも、飢餓に襲われた国民を体を張って守ることもできなかった。

むしろソ連を大きく変えたのは、社会主義に幻滅して情報を漏洩したKGBのスパイを含めたスパイたちだったと言えるのではないか。ゴルバチョフの敵となったKGB議長らも実は、食料輸入に必要な外貨もなく、ソ連政府が何もできない状況に陥っていたことを認識していなかった、とガイダルは指摘している。

クーデター未遂でソ連経済の現実を知ったKGB議長ら

8月のクーデター失敗のあとクレムリンにロシア革命以来初めて揚がった3色のロシア国旗（右）と、ソ連大統領府の上に翻る赤い連邦旗＝1991年12月18日、モスクワ（写真：朝日新聞社）

1991年8月19日、社会主義連邦国家としての体を成さなくなったソ連をクーデターが襲う。ソ連副大統領、首相、国防相、KGB議長ら、ゴルバチョフ以外の上層部のほぼ全員が武力を行使して、中央権力の支配を再建しようと考え、クリミアの別荘に滞在中のゴルバチョフ夫妻を幽閉した。通常ならクーデターは成功するはずだった、と言えるかもしれない。

ロシア最高会議のビル「ホワイトハウス」に対する攻撃もあったが、ロシア共和国のエリツィン大統領が戦車の上から演説

＊5　National Security Archive, The Diary of Anatoly S.Chernyaev 1991, Mar.31, 1991, Sunday, Translation 2011

をぶってクーデターに反対。一部の部隊が戦っただけで終了した。KGBの特殊部隊「アルファ」も出動を拒否したと言われる。

ウラジーミル・クリュチコフKGB議長らが主導したクーデターは3日間で失敗した。蜂起した指導者たちはソ連経済が直面する現実に「どう対応すべきか分からなかった」からだとガイダルは書いている。


大都市に供給するのに必要な食料はどこにあるのか？

西側諸国が緊急に1000億ドルを融資してくれるのか？


その疑問に誰も答えられず、クーデターは失敗した、とガイダルは書いている。

日本ではソ連崩壊は、ソ連に代わる独立国家共同体（CIS）が発足し、ゴルバチョフがソ連大統領を辞任した1991年12月25日とされている。しかし実際には、クーデター失敗の翌日、1991年8月22日に「ソ連の物語は終幕を迎えた」とガイダルは主張する。またソ連の終焉を示す文書は1991年11月にソ連対外経済銀行がソ連指導部宛に送付した書簡だと記している。書簡は「ソ連国家の金庫には（外貨は）1セントもない」と記しているからだという。

ガイダル元首相代行が初めて明かした真相

以上のソ連崩壊の現代史は、ガイダル（1956～2009）の著書『帝国の崩壊』英語版と米国のシンクタンク「アメリカン・エンタープライズ研究所（AEI）」でガイダルが発表した論文「ソ連の崩壊」から得た情報を筋にまとめた。

ガイダルはこの著書と論文で、経済学の立場から歴史的経緯を丹念に記した。ソ連崩壊の直接の原因は、1985年9月にサウジアラビアが石油を大幅増産し、石油価格を大幅に下落させたことにある、と事実を挙げて指摘し、注目された。欧米では定説と受け止められてきたが、日本では訳書が出版されず、歴史的事実として伝えられることはなかった。

日本のロシア研究者がこの問題に言及した論文がないか「グーグル・スカラー」で探したが発見できなかった。日本語版ウィキペディア「ソビエト連邦の崩壊」では、ソ連崩壊のプロセスは「ソ連を構成する各共和国の不安の高まりから始まり、中央政府との政治的・立法的対立が絶え間なく続」き、1988年にエストニアがソ連で初めて国家主権を宣言した、などと抽象的な「不安の高まり」が原因だと記している。

ガイダルは1956年モスクワ生まれ。父チムールはソ連共産党機関紙『プラウダ』の軍事記者で、1961年4月キューバのピッグズ湾侵攻作戦を取材、キューバ革命で首相に就いたフィデル・カストロの実弟ラウル・カストロの友人となった。

モスクワ大学経済学部、同大学院で学んだ経済学博士。ソ連時代はいくつかの研究所で研究を続け、エリツィン・ロシア政権で財務相、第一副首相、首相代行を務めた。ショック療法により経済改革を進め、リベラル派から評価されたが、高インフレを招き、厳しい批判も受けた。

「集団農場」が農業生産力の低下を招く

ガイダルは著書の副題を「現代ロシアのための教訓」、また論文の副題は「穀物と石油」としている。ヨシフ・スターリンの破滅的な農業政策の失敗で、石油輸出によって稼いだ外貨で穀物を輸入する、という歪んだ経済構造がソ連の崩壊を招いた、という現実を教訓にすべきだ、とガイダルは主張しているのだ。

第一次世界大戦前、ロシアはカナダや米国を上回る世界最大の穀物輸出国だった。だがロシア革命後、スターリンが農民から土地を取り上げ、農場を「集団農場（コルホーズ）」と「国営農場（ソフホーズ）」にした。その結果1920～50年の間に、当時の主要国の間で、最も急激な農業生産力の低下を招いた。世界最大の穀物輸入国となり、その輸入量は中国と日本を合わせた量を上回った。都市人口の増加で、穀物需要がさらに増加、穀物の輸入依存度が一層高まった。そして石油輸出の重要性もさらに強まっていったのだ。

レーガン政権入りしたネオコン

そんな脆弱なソ連経済の生命線に狙いを定め、ソ連政府に対してある要求を突きつけた新興イデオロギー集団が米国にある。それが「新保守主義者（ネオコンサーバティブ、略称ネオコン）」だ。当初、拠点はヘンリー・ジャクソン上院議員（民主党、ワシントン州）のオフィスに置かれていた。

彼らはロシア系ユダヤ人の自由な出国を求め、米議会で1974年通商法の修正条項を成立させた。別名「ジャクソン・バニク法」と呼ばれる。下院ではチャールズ・バニク議員（民主党、オハイオ州）がスポンサーになった。

ソ連など非市場経済国家がユダヤ系市民の出国を認めれば、米国産穀物の輸出を認めるという法律である。彼らネオコン自身、ロシア系ユダヤ人を中心にしたグループだ。元々民主党員で、ジャクソンのスタッフをしていて、レーガン共和党政権発足とともに政権入りした。彼らはジョージ・W・ブッシュ政権（子）では、イラク戦争でも暗躍。リチャード・パール元国防次官補、ポール・ウルフォウィッツ元国防副長官、ダグラス・ファイス元国防次官らである。

だからレーガン政権の一部は、発足時からソ連の弱点を熟知していた。サウジアラビアを工作に組み込めば、第四期の秘密工作は実行可能になっていた。

CIAはポーランド軍中枢にもスパイを確保

ソ連を構成していたのは15の共和国。すべての共和国が、ソ連経済が苦境に陥るのと並行して、ソ連崩壊に先んじて「独立宣言」をした。一番早い独立宣言はバルト3国の一つリトアニア（1990年3月11日）で、ウクライナは5番目（91年8月24日）だった。ウクライナは共和国の中でも独立意識が強いことが分かる。各共和国は小麦など穀物が十分供給されないため、それぞれ主権国家として独自の行動に出たとみられる。

また、東欧の社会主義諸国内でも、経済相互援助会議（コメコン＝COMECON）を通じた援助が供給されないため、改革を求める声が高まり、国境を越えて出国しようとする動きが広がった。東ドイツ国内の動揺は最終的にベルリンの壁崩壊、東西ドイツ統一につながった。

ソ連崩壊は、東欧社会主義諸国の民主化も含めて理解しておく必要がある。

自主管理労組「連帯」が民主化を進めたポーランドのことはよく知られている。

CIAは連帯を支援し、コピー機など民主化運動に必要な機器を提供した。同時に、ポーランド内部に情報源を確保し、刻一刻変化する情勢を正確に把握していた。

　ＣＩＡに連日、機密情報を漏洩していたのは民主化運動を抑える戒厳令の立案作業の中心にいたポーランド軍参謀本部作戦部次長で、ワルシャワ条約機構（ＷＴＯ）統一軍司令部との連絡将校をしていたリシャルド・ククリンスキ元大佐だ。

　ククリンスキは共産主義に幻滅し、１９７１年自らＣＩＡに情報提供を申し出た。自分の純粋な動機を貫くため、謝礼金は一切受け取らず10年以上にわたって計３万ページ以上の戦争計画、地図、動員計画、演習内容、武器データなどを渡した。

　１９８０年12月初め、ククリンスキは「ソ連軍15個師団を含む18個師団のＷＴＯ軍がポーランド領内に侵攻する演習計画」をＣＩＡに通報。これを受けて当時のジミー・カーター米大統領が軍事介入に警告した。演習計画は結局、参謀演習だけで終了した。

　１９８１年11月初め、ＫＧＢがポーランド当局に「戒厳令の計画全体が米国に知られている」と通報。捜査が身辺に迫ったと察知したククリンスキは同月７日、妻、２人の息子とひそかに出国、以後米国に居住した。本人は２度暗殺未遂に遭い、２人の息子が不審な交通事故および海難事故で死亡する不幸が続いたという。

ゴルバチョフは「米国の陰謀」と認識か

ガイダル自身は著書で、「アメリカの陰謀」によってソ連が崩壊したとする説を否定している。その理由として、「アメリカ政府にとって、ソ連崩壊は信じられない驚きだった」ことを当時、自分の目で確認したと書いている。

同時にガイダルは、米国の文献などからみて、レーガン政権はソ連経済にダメージを与えることは決定している、と指摘している。ケーシーCIA長官が第二次世界大戦中、CIAの前身の戦略情報局（OSS）要員として、ナチス・ドイツに対して最大限の経済的ダメージを与える工作を行っていたことも紹介している。

確かにレーガン政権はソ連に対して四期にわたり、継続的にソ連の国力を削ぐ秘密工作を展開した。実はレーガンはひそかに「ソ連のシステムは崩壊の途をたどる」と信じていた。したがって「冷戦は勝てるだろう」と確信したという。第一期の秘密工作の立役者の一人、ガス・ワイスはそう記している。ソ連が崩壊したのは、レーガン大統領退任から2年11カ月後のジョージ・H・W・ブッシュ大統領（父）の時代で、ネオコンのタカ派は政権を離れていて、大言壮語するような高官は見られなかった。保守系ジャーナリストのピーター・シュワイツァーは自著の副題を、むしろ控え目に「ソ連の崩壊を早めたレーガン

右からミハイル・ゴルバチョフ、ロナルド・レーガン、ジョージ・H・W・ブッシュ＝1988年12月７日、米ニューヨーク（写真：AP／アフロ）

政権の秘密戦略」としている。

トーマス・リード元国家偵察局（ＮＲＯ）長官の著書によると、ゴルバチョフはレーガン政権の「第一期対ソ秘密工作」でＫＧＢ工作員が逮捕されたり、国外追放になったことを憤激していたと言われる。１９８６年10月22日のソ連共産党政治局会議でも、アメリカ人は「荒っぽい行動で、悪党のようにふるまった」と怒った、とリードは書いている。ゴルバチョフのこんな発言を示す証拠は見つかっていない。リードはかつて米インテリジェンス・コミュニティに所属する情報機関ＮＲＯのトップであり、スパイから情報を得た可能性はある。

またレーガン大統領に関しても、ゴルバチョフは内輪の会話で「うそつき」と非難していたという。公式の場では冷静な態度で通したゴルバチョフだが、自分の知らない間に米側の対ソ工作でソ連経済が痛めつけられたことから対米感情を害したのだろうか。[*6] こうした記述を裏付ける証拠の存否は不明だが、将来情報公開される可能性に期待したい。

KGBとCIAが事実上のトップ会談

実はソ連崩壊の約1年10カ月前、1990年2月9日にモスクワ・ジェルジンスキー広場にあるKGBの本部で、KGB議長と翌年CIA長官に就任する高官が、事実上の両国情報機関トップ会談を行っていた。KGB議長は翌年8月のクーデター未遂事件の首謀者の一人クリュチコフ、CIA側は当時大統領副補佐官（国家安全保障担当）のロバート・ゲーツだ。1年前までCIA副長官をしていた。

同じ日、ジェームズ・ベーカー国務長官はゴルバチョフとドイツ統一の課題で会談しており、ゲーツにKGB側の受け止め方を聴取するよう指示していた。

この会談録[*7]によると、クリュチコフはソ連を取り巻く情勢が深刻化していることを認識していなかったことが分かる。ロシアを構成する共和国の動きについて、「リトアニアは独立への動きが最も進んでいるが、すべての共和国の間では相互依存関係が非常に強い」というのだ。現実にはこの年、ラトビア共和国はリトアニア（3月）に続いて5月に独立宣言をした。すべての共和国が同年末までに独立宣言につながる「主権宣言」をしているのだ。

ソ連は物資不足が重大な問題となっていたが、クリュチコフは「物資の量は増えている。問題は国民が所有する金額が大幅に増えていることだ」と話した。問題の本質を認識できていなかったようだ。東欧情勢についても「不安定化していない」と否定した。ただドイツ情勢をロシア人は不安視し、ポーランド国民も情勢を心配していると語った。

ＫＧＢも深刻な経済状況を正しく認識していなかった。クリュチコフ自身はこの約1年半後にクーデターを起こすが、まさに間が抜けた行動だった。

エリツィンとゴルバチョフが決断をブッシュに電話連絡

クーデター未遂事件があった１９９１年8月末までに、ソ連からの「独立宣言」をしたのは、ソ連を構成した15カ国のうち、９カ国に上っていた。ゴルバチョフはそれでも、名

---

*6 Reed, *At the Abyss*, pp.269~270

*7 National Security Archive, "*NATO Expansion: What Gorbachev Heard,*" Dec. 12, 2017 Document 7. Memorandum of conversation between Robert Gates and Vladimir Kryuchkov in Moscow

目上はなおソ連大統領として、ソ連軍最高司令官の地位を維持していた。

問題は多々あった。最も危険なのは核兵器の安全管理の問題だ。核兵器はロシア以外に、ウクライナやカザフスタンなどにも多数配備されていたが、ウクライナは1991年8月24日に独立宣言をした。米国政府は核兵器の盗難や拡散、核テロも真剣に恐れていた。

同年12月8日に突然、ベラルーシの首都ミンスクに滞在中のエリツィン・ロシア共和国大統領からブッシュ大統領（父）に電話がかかった。独立国家共同体（CIS）創設協定に「文字通り数分前に調印した」というのだ。[*8] CISは、ソ連に代わって結成したグループだ。

エリツィンは電話で16項目から成る協定を読み上げ、ベラルーシ、ウクライナのリーダーとともに署名し、電話したカザフスタンのヌルスルタン・ナザルバエフ大統領も全面的に支持したという。まずブッシュに伝えたが、ゴルバチョフはこの件をまだ知らない、と言った。

核兵器の問題では、「統一して管理する」と言った。「非核国家ないし非核地帯創設の試みを尊重する」とも語った。

ゴルバチョフを無視してCISを創設する協定が調印されたため、ゴルバチョフは辞任を余儀なくされる形になった。12月25日、自ら「大統領辞任」をテレビ演説で発表する約

2時間前、ゴルバチョフはブッシュ大統領に電話した。

ゴルバチョフは「あなたが副大統領、さらに大統領としてわれわれと協力し合ったことは偉大な価値がある。われわれ両国間でどんな成果を積み上げてきたか、ロシアは知っている」と自分たち自身への賛辞で自ら花道を開いた。そして、自分はソ連大統領に加えて最高司令官も辞任し、「核兵器を使用する権限をロシア連邦大統領に移譲する」と言明した。

これで、国家としてのソ連をロシアが引き継ぐことが決まった。同時にゴルバチョフはCISの重要性にも言及した。これら二つの電話会談録は2008年にブッシュ大統領図書館から情報公開され、米国家安全保障文書館が2021年、ネット上に掲載した。

ソ連崩壊が秒読みの段階に至って、エリツィンとゴルバチョフはブッシュに電話し、歴史的な事実を伝えていた。そんな米国との関係こそまさに歴史的な変化だ。だがロシアにはそんな対米関係に反対する勢力も存在し、エリツィン政権は1999年の最後まで動揺を続けることになる。

＊8 National Security Archive, *"The End of the Soviet Union 1991,"* Dec. 21, 2021, Document 9, Memorandum of Telephone Conversation, Bush-Yeltsin, Dec. 8, 1991

第4章

米露の二重スパイ摘発で暗転

ソ連崩壊後、世界は一変した。

クレムリンに掲げられていた「ハンマーと鎌」を標章にした共産主義ソ連の国旗が降ろされ、代わって「白青赤」から成るロシア連邦の国旗が翻った。ロシアのボリス・エリツィン大統領は米露の友好関係を重視した。米側も、1989〜93年のジョージ・H・W・ブッシュ共和党政権、1993〜2001年のビル・クリントン民主党政権とも、非共産主義のロシアをさまざまな形で支援した。12年にわたる両国の政治的関係は良好だったが、ロシアの国内情勢は混乱が続いた。

広がる和解ムードでも大物「二重スパイ」が暴露される

当時ワシントンにいた筆者が最も驚いたのは、「赤軍合唱団」がロシアから来演したことだった。彼らはケネディセンターで公演し、勢いよく次々とロシアの歌をうたい、満場の拍手喝采を受け、大いに盛り上がった。

ロシアの舞台裏では、世界で最大の約40万人の陣容を誇ったソ連国家保安委員会（KGB）が解体され、任務をいくつかの機関に分割する作業が続いて、混乱した。

米露の情報機関の交流が進み、両国間で協力の話し合いが行われた。

その間、長年にわたって、米中央情報局（CIA）と連邦捜査局（FBI）に潜んでいた大物の「二重スパイ」が、米情報機関が得た貴重な情報をソ連・ロシアに通報して多額の報酬を得ていたことが明るみに出た。彼らの裏切りで、米国の情報源となっていたKGBなどの要員があぶり出され、処刑されていた。国家崩壊に伴う混乱の中で明るみに出た米露スパイ戦争の現実だった。

それを受けて、CIAはロシア対外情報局（SVR）との間で交わしていた「連絡官」同士の意思疎通を止めた。やはりまだ、和解は難しかった。同盟国や友好国情報機関の間では定期的に、連絡官同士の情報交換が行われている。たとえば、内閣情報調査室とCIA東京支局の間では必ず連絡官が定期的に会合している。米露の情報機関同士の関係はなおそのレベルに達していなかった。

1．米露情報機関が交流

KGBは解体、主要4機関に

1991年10月末、ゴルバチョフ大統領は、ウラジーミル・クリュチコフKGB議長がクーデターを図ったことに対してKGBを廃止し、新たに3機関を設置するよう指示した。「共和国間保安局（ISS）」、「中央情報局（CIS）」、「国境防護委員会（CPSB）」である。米国で言えば、ＩＳＳはＦＢＩ、ＣＩＳはＣＩＡ、ＣＰＳＢは国境警備隊に相当する。

その後、ロシア共和国のエリツィン大統領は11月26日、「ＫＧＢロシア共和国支部」を連邦保安局（ＦＳＡ）の呼称に変えた。さらに、12月25日ソ連が崩壊して、国家としてのソ連を引き継いだロシア連邦が発足すると、エリツィンはＫＧＢを次の５つの機関に分割した。

- 対外情報局（ＦＩＳ）＝旧ＫＧＢ第１総局（対外情報工作）
- 保安省（ＭＢ）＝カウンターインテリジェンス（防諜）に主力。要員約13万７０００人。旧ＫＧＢ第２総局（治安・防諜）、第３総局（軍事防諜）、第４総局（輸送安全）、憲法擁護局（テロ、分離対策）、第５総局（政治警察）、第６総局（経済犯罪、汚職対策）、第７総局（監視、盗聴）を統合
- 連邦政府通信情報局（ＦＡＰＳＩ）＝旧ＫＧＢ第８総局（通信、暗号システム）
- 大統領警護局（ＳＢＰ）＝旧ＫＧＢ第９総局
- ロシア国境防護委員会（ＣＰＲＢ）＝旧ＫＧＢ国境防護隊

その後の機構改革を経て、現在のロシアの主要情報機関は次のような体制となった。

- 連邦保安局（ＦＳＢ）＝防諜・国内治安機関、米国のＦＢＩに相当
- 対外情報局（ＳＶＲ）＝米国のＣＩＡに相当
- ロシア軍参謀本部情報総局（ＧＲＵ）＝軍事情報・対外情報機関
- ロシア連邦警護局（ＦＳＯ）＝米国のシークレットサービスに相当。要人警護など

これらの情報機関の中で、中心的な機関は通信情報機関の機能を持つＦＳＢだ。本部は旧ＫＧＢ本部を引き継ぎ、総員は国境警備隊約20万人を含めて30万人前後になるとみられる。プーチンが大統領になる前、１９９８～99年にＦＳＢ長官となって以後、ＫＧＢの後継機関という性格が濃厚になったようだ。

これに対し、米国は現在、インテリジェンス・コミュニティに18もの機関を抱え、機能を細分化している。たとえば、通信傍受を担う国家安全保障局（ＮＳＡ）は独立した巨大な組織となっている。

ロシア情報機関の組織改編は歴史的にみると大問題を抱えたわけではない。むしろ、旧ソ連を構成した15共和国に置かれたＫＧＢ支部がソ連崩壊後どうなったか、が大きい問題として残された。

実はＫＧＢのネットワークの絆はソ連が崩壊しても維持された。その中で、徐々に米国との関係を強めたウクライナ情報機関の新体制とＦＳＢの関係が摩擦を生み、結局戦争にまで発展することになる。

ＣＩＡと旧ＫＧＢが核・テロ問題で協力

冷戦時代は厳しい対決が続いた米ソの情報機関。だがソ連崩壊の約2カ月ほど前から、両国の情報機関の代表たちが交流し始めた。

１９９１年10月11日には、訪米したＫＧＢの高官8人が、ワシントン・ジョージタウンのホテルで、米国家情報会議（ＮＩＣ）のフリッツ・アーマス議長らと会談した。アーマスはＣＩＡのソ連担当から国家安全保障会議（ＮＳＣ）のソ連部長をへて、米情報コミュニティの総意をまとめてホワイトハウスに分析文書を提出するＮＩＣのトップに就任していた。筆者は１９８７年11月にジョージ・シュルツ国務長官の同行でモスクワに行った際、飛行機と列車で彼と一緒になり、面識があった。

ジョージタウン会談でＫＧＢ側は、モスクワとワシントンに情報センターを設置して、情報交換を行うことを提案した。また組織犯罪取締法を新たに立法化することや、民主主義下で情報機関が議会やメディアにどう対応すべきか、助言を求めた。

このほか、旧KGBで事実上の「ブレーン」のような存在だったエフゲニー・プリマコフも1991年11月下旬、ワシントンを訪問している。このときロバート・ゲーツCIA長官には会えなかったが、国務省当局者と「戦略的安定性」を議題に、ソ連崩壊で拡散してしまう危険性が心配された核兵器をどう管理するか、について協議した。

プリマコフは、ゴルバチョフがKGB解体後に発足させた新しい対外情報機関「中央情報局（CIS）」やエリツィンが名称変更したロシアの対外情報局（FIS）長官、さらに一時的には首相なども歴任した。

北朝鮮の「核」に対する共同工作案は実現せず

1992年9月、今度はゲーツがモスクワを訪問した。FIS（後にSVR）長官プリマコフとFSK（同FSB）長官セルゲイ・ステパシンがゲーツを招いた。ゲーツはこの会談に、いくつかの提案を持ち込み、ロシア側の反応を探ろうとしていた。

第一の提案は、北朝鮮の核開発に関して、米露が異例の共同工作を行い、現在の開発状況に関するインテリジェンスを探るというアイデアだ。

北朝鮮のインテリジェンスについては当然、米露間で大きいギャップがある。このため技術的手段で米国が得る情報と北朝鮮にアクセスがあるロシアが現場で得られる情報をテコにして正しいインテリジェンスを得られるかどうかがカギになる。

ロシア側は、もし米国のことを「新たな同盟国」とみていたら、この提案に乗るであろうし、なお「主な敵」だと考えていたら、消極的な態度を示すだろう。

ゲーツは、こうした高度なインテリジェンスの問題で具体的な行動を起こすことができたら、「公式の関係を創設」することが妥当だと判断する可能性があるとみていた。

この事実は、ゲーツに同行したとみられる元ＣＩＡ工作員ロルフ・モワット・ラーセンがハーバード大学ケネディ・スクール・ベルファーセンターのインテリジェンス部長をしていた際の、２０１１年2月11日に同センターの刊行物に寄稿した小論で明らかになった。[*1]

プリマコフは１９９３年7月に訪米、今度はジェームズ・ウルジーＣＩＡ長官と会談した。核拡散問題に加えてテロや麻薬密輸問題での協力についても話し合った。次はウルジーが同年10月モスクワを訪問、ＦＩＳの幹部と意見交換した。

しかし、双方の意見は一致せず、具体的な情報協力案が組織間の合意に至らなかった。

プリマコフは「わが方の要員はＣＩＡとの共同作戦はしたくないとのことだ。やれば自分のキャリアが汚れるからだ」と言ったという。スパイ同士の不信感は解消されていなかった。

「桜を見る会」で米ソのスパイが出会う

他方、筆者が勤務していた通信社のワシントン支局には、日本に駐在していた元ソ連スパイが現れた。

1993年、先輩の元社会部記者の紹介で現れたのは、元KGB在日要員ユーリー・トトロフ、と名乗る親日的な人物だった。先輩の話では「何か頼みたいことがある」という。

本人は「写真をドナルド・グレッグに渡してほしい」というのだ。トトロフは冷戦期に、東京で対米防諜（カウンターインテリジェンス）を担当していた。新宿御苑の「桜を見る会」で会ったCIA東京支局の要員、ドナルド・グレッグの写真を撮った。その写真を「ぜひ彼に渡してほしい」と言うのだ。今もCIAとSVRの防諜担当は互いに面識があり、互いに警戒し合っている。グレッグはジョージ・ブッシュ米大統領（父）に近い大物スパイでCIA支局長や駐韓大使を務めた。

トトロフ自身は他の元KGBの仲間3人とともに、元CIA要員ら数人のグループに招

＊1　Rolf Mowatt-Larssen, "US and Russian Intelligence Cooperation during the Yeltsin Years," Belfer Center, Feb. 11, 2011

かれて訪米した。翌日から彼らと全米各地を巡回し、冷戦後の米露情報関係について討論して回る。そのためグレッグには会えないと言う。

さっそく「コリア・ソサエティ」（韓米協会）の理事長をしていたグレッグに連絡して、会った。ＫＧＢ要員が撮った自分の写真をみて「愉快な話だ」と大喜びした。

グレッグは１９７３年、韓国中央情報部（ＫＣＩＡ）による金大中拉致事件の際はＣＩＡソウル支局長で、金大中救出に動いた。金大中は縛られ、船で日本海を韓国に向けて航行中、ＣＩＡのヘリコプターが上空から「危害を加えるな」と警告。おかげで金は縄を解かれて、無事自宅に帰ることができた。

グレッグは１９８９年、ジョージ・ブッシュ大統領（父）から韓国大使に指名された。上院外交委員会の公聴会に金大中は書簡を送り、「グレッグは命の恩人」と称賛、大使人事の承認を求めたかいがあって、多数の賛成が得られた。実はグレッグは「イラン・コントラ事件」への関与が指摘され、大使人事に反対する議員は少なくなかった。

リクルートできなかった元ＫＧＢスパイ

トトロフが在日スパイをしていたころ、ＣＩＡ東京支局は霞が関ビルの向かい側にあった、くすんだ色の旧満鉄ビル４階に置かれていた。トトロフはガッツのあるＫＧＢ要員で、素知らぬ顔をしてCIA支局に入室しようとしたエピソードが伝えられている。

ガードマンの目を盗んですばやくエレベーターに乗り、4階で降りて、CIA支局のドアをノックすると、ドアの上部に作られたのぞき窓からお互い顔見知りのCIA要員がいた。CIA側はあわてた様子で「お茶を飲もう」とトトロフを誘い、同ビル7階のカフェテリアで一緒にお茶を飲んで帰ったという。それだけの話だが、歴代のCIA工作員の間では危ないエピソードとして語り継がれていた。

ソ連崩壊の年、1991年にはトトロフのカウンターパートであるCIAの大阪の責任者が用件を言わないまま、全日空ホテルのフランス料理レストランにトトロフを招待したというのだ。その席に、昔から顔なじみのCIA東京支局次長が突然姿を見せ、彼を「リクルートしようとした」というのだ。そのオファーに対して、トトロフは「私があなた方のために働くことは決してない」と断ったという。

互いに監視し合い、鎬(しのぎ)を削った米露のスパイ同士、トトロフもグレッグも、冷戦の終結で完全に和解したかと思われた。しかしトトロフには抜きがたい対米不信感が残っていた。トトロフは当時、情報機関とは無関係だったが、FBIは訪米したトトロフをしつこく尾行していたという。ただ、ソ連崩壊後、米国に移住し、CIAに協力する元KGBスパイもかなりいた。

2. 米露「二重スパイ」の摘発が続く

ソ連崩壊以後、米国の大物スパイが実は、ソ連に重要な情報を漏洩していた事実が明るみに出て、逮捕・起訴され、終身刑を言い渡される事件が続いた。

一人はCIAの対露防諜部長だったオルドリッチ・エイムズ（1941～服役中）で、逮捕は1994年2月21日。もう一人はFBIの特別捜査官ロバート・ハンセン（1944～2023、獄中死）で、逮捕は2001年2月18日。

いずれも捜査の最終段階で、ロシア側から得られた情報が決め手となって逮捕することができた、という共通点がある。東西冷戦の終結後、米露情報機関の間の交流が進展し、両国間で情報が行き来するようになったから、摘発できたのかもしれない。

だが、後述する「ユルチェンコ事件」のように、いまだに真相が確定できない事件も残されている。エリツィン政権時代、米国は政権維持に努め、米露関係は蜜月とも言われたが、スパイ事件が重なって、特に両国情報機関の間で不信感が募っていくことになる。当時の報道などから、これらの事件を追っていく。

ソ連から460万ドルのわいろ

エイムズは、大学講師からCIA工作部門に転職した父親カールトンを追うように自身もCIA入りした。父が1953年から3年間東南アジアに赴任した際も一緒に移住したが、父はアルコールの問題があって評価が悪く、残りの任期はバージニア州ラングリーの本部で終えた。

息子の方はジョージ・ワシントン大学卒業後、CIAの訓練を一緒に受けた同僚女性と結婚してトルコに赴任したが、父と同じ酒の問題を指摘された。1976年ニューヨークに赴任し、ソ連側の協力者を担当。次は1981年メキシコに転勤、在メキシコ・コロンビア大使館の文化担当官でCIA協力者のマリアと知り合い、1985年に結婚した。

1983年、CIA本部の東南アジア工作部門で対ソ連カウンターインテリジェンス（防諜）工作に携わり、KGBとGRUに対するあらゆるCIA工作関連情報にアクセスした。その後、ソ連大使館要員をリクルートする可能性を探る仕事に就き、日常的に彼らと接触するようになった。その間、前妻への慰謝料に加えて、金遣いが荒いマリアの浪費で金に困ったこともあってか、1985年4月、ついに一線を超えた。CIAの要員でありながら、KGBに情報を提供するようになった。

最初はあまり価値のない文書を提供しただけだが、ソ連側は直ちに5万ドルを支払った。それから間もなく、エイムズはCIAが厳重に保管してきたかけがえのない最高機密情報、つまりソ連国内に潜むCIAの協力者の氏名を金と引き換えにソ連側に教える作業を始めた。エイムズはそんな犯罪で総額460万ドルを得たという。

エイムズは1986年ローマに配置されたあと、1990~91年、CIA防諜センター分析グループに異動、さらに「極めて機微なデータ」にアクセスできる立場に置かれた。

エイムズはお払い箱にされ逮捕されたのか?

1985年に2人、そして3年後の1988年に3人、その後4人、といった調子で合計10人以上とみられる名前をKGB側に伝えた。これに対して、KGBは1986年、エイムズから名前を知らされた在米ソ連大使館に駐在するKGB工作員2人を突然帰国させ、モスクワで銃殺刑に処した。1988年には3人(うち2人はソ連大使館員)がソ連に送還され、処刑された。

ソ連側の処刑の仕方は荒っぽくて、「乱暴に廃棄物を扱うように、われわれの協力者を終わらせた」とCIAの関係者は驚いたという。CIAのプロの「スパイキャッチャー」なら、常識的には協力者をまとめて消すことはしない。相手国に「情報漏れを気付かせ」

てしまい、エイムズのような貴重な情報源を危険にさらすことになるからだという。実際、KGBのエイムズ担当者は後になって、エイムズに謝罪し、処刑の時期は政治の最高レベルが決めたことだと弁解したという。

ソ連側はなぜこれほど乱暴な扱いをしたのか。石油価格の低下で苦しくなったソ連政府の財政状況などから、エイムズはもはや不要という判断をした可能性はないだろうか。実際、ロシア国内の報道では、エイムズはFIS（現在のSVR）の次官クラスの決定で米側に引き渡すことにした、という報道があったという。[*2]

実際、このような経緯をへて、CIAはようやく本格捜査に乗り出した。この捜査方針を決定したのはなぜか、今ひとつ理由が釈然としない。いずれにせよ1991年にCIAとFBI合同捜査チームが対象を20人に絞り込み、捜査が進展した。

5万ドルの高級車ジャガー、54万ドルの自宅など、当時の年収6万ドルのエイムズでは不相応な生活。「妻の父の遺産」をもらったという言い訳もウソだと判明した。

捜査チームは1993年3月には、自宅を電子装置で監視、ごみ箱を検査し、車に監視装置を付けて行動を監視した。1994年、モスクワでの会議出席の予定があると知り、

＊2　Amy Knight, *Spies Without Cloaks*, Princeton University Press, 1996, p.125

国外逃亡の恐れがあるとみて、逮捕したという。

エイムズの事件は「レーガン軍拡」に関する疑問にもつながった。元宇宙飛行士のジョン・グレン上院議員（民主党、オハイオ州）は「（レーガン政権は）ソ連の脅威を大げさに言い立てて、必要以上に軍備を拡張した」と批判した。１９９２年の会計検査院（ＧＡＯ）報告書も、「ペンタゴンは極秘の調査研究でソ連の核攻撃に対する米国の脆弱性を誇張した」と指摘している。実はソ連は、エイムズを使って、誇張したソ連の軍備増強情報を米国側に流していた、という報道もあった。つまり、「現実より過大なソ連軍備」との情報がレーガン軍拡の根拠だった可能性が指摘されていたというのだ。ただこの問題は真相が追及されないままになっている。

おかしなスパイ

米首都ワシントンのおしゃれな繁華街ジョージタウンから北にウィスコンシン通りを少し上がった東側に、「スパイが逃げた」として有名なフレンチ・レストランがあった。筆者は何度もこの店を利用した経験がある。

エイムズが関与したＫＧＢスパイの一人、ビタリー・ユルチェンコ（１９３６〜）という非常に変わったスパイの話である。１９８５年11月、一緒にいたＣＩＡのガードを振り切って、このレストランの裏口から逃げ、ウィスコンシン通りを北上して約1キロ先の西側にあるソ連大使館に逃げ込んだ、という。

逃げたユルチェンコは過去に、KGB工作員としてワシントンに駐在していたことがある。そして1985年の夏、ローマに赴任していた際に、CIAに投降して、CIA本部に移送された。こんな場合、CIA調査官の「デブリーフィング（事情聴取）」を受ける。彼の場合は、なんとエイムズがその役割をしたという。[*3]

その際、NSAのロナルド・ペルトンとCIAのリー・ハワードというスパイがKGBに情報提供をしている、と供述した。ペルトンは逮捕され、ハワードは危険を察知して逃亡、モスクワに渡航したという。

ユルチェンコは在米モスクワ大使館を経て、ソ連に帰国した。KGBは実は、ユルチェンコは米国に亡命したわけではなく、CIAに誘拐されただけだと主張し、勇敢な行動をたたえる勲章を贈ったという。これに対して米側は、ユルチェンコは亡命者ではあるが、途中で心変わりしたと反論した。

どちらが本当か。KGBに詳しいエイミー・ナイトによると、ユルチェンコは記者会見

---

*3　同、p.126

で「CIAにはKGBのモール（モグラ、深くもぐり込んだ二重スパイのこと）はいない」と認めたことが評価され、KGB第1総局第1局の次長に昇進したという。ユルチェンコは当然エイムズのことを知っていたが、この発言でエイムズの犯行が探知されるのを遅らせたというのだ。それが「裏の裏」の事実なのかどうか、誰もが納得する定説はまだない。

在米ソ連大使館の下にトンネル

ユルチェンコが逃げ込んだソ連大使館（現在のロシア大使館）は、今はウクライナ侵攻抗議デモの対象として有名だ。二十数年前にはFBIの特別捜査官ハンセンが、FBIとNSAによる合同プロジェクトをソ連側に教えた事実が明らかにされて注目された。実は、FBIとNSAはソ連大使館の下にトンネルを掘っていたというのだ。完成後、通信の傍受、会話の盗聴などが可能になったはずだったと言われる。

ワシントンのソ連大使館は1970年代に工事が始まり、1980年代に完成、1990年代に使用開始となった。トンネル工事が行われた1980年代は、米ソが互いの大使館建設をめぐり非難し合い、入居が遅れた。その際に、ハンセンは建物の技術情報をソ連側に伝えたという。

他方、モスクワの米大使館建設では、盗聴器が埋め込まれたことが問題になった。米国は、建設工事でソ連の建設業者が壁に盗聴器を埋め込んだと非難した。

米国政府は、アメリカ人作業員を航空機で派遣して、壁に盗聴器が埋め込まれた最上階とその下の階を切り取る工事を行い、その部分を新たに設置した。

実は、切り取った壁の部分はバージニア州ラングリーのCIA本部まで運び込まれ、本部内にある小さい博物館に展示されている。筆者は1994年当時、CIA主催のシンポジウムに参加した際、博物館の見学が認められ、盗聴器を埋め込んだ生々しい壁を見た。

他方、ワシントンのソ連大使館工事では、建設作業員の中に特殊技術を習得したFBIの工作員が潜り込み、大規模な建造物内の音声をとらえ、通信情報を傍受する特殊な装置を埋め込んだという。米インテリジェンス・コミュニティが共同開発した装置だが、具体的にどのようなものかは明らかにされていない。

偽名でもハンセンを信用

ハンセンはシカゴのノルウェー系家族に生まれ、シカゴ市の警察官だった父の虐待を受けて育ったと言われる。ノースウエスタン大学経営大学院でMBAを取得、シカゴ警察の捜査官をした後、1976年FBI入り。敬虔(けいけん)なカトリック教徒の妻と結婚した。

FBIの発表によると、ハンセンはFBIインディアナポリス支署の「ホワイトカラー犯罪捜査班」に所属後、国家安全保障部門に移り、ニューヨーク支署やワシントンの本部などでカウンターインテリジェンス（防諜）を担当。酒や女の問題を追及されることもなく、優秀な特別捜査官（Special Agent）を務めあげ、2001年2月18日にSVRのスパイとして現行犯逮捕されるまで、尊敬される存在だったという。

首都ワシントンの西郊にある住宅地ビエナで、6人の子供を育てた敬虔なキリスト教徒の一家の父としてのハンセンと、旧ソ連KGBとソ連崩壊後のSVRに高度な機密情報を売って計140万ドルの現金やダイヤモンドなどを受け取っていた売国奴が同一人物と理解するのは難しい。

ハンセンはエイムズとは違い、二重スパイとしてはきわめて注意深い行動に終始した。

1985年10月、ハンセンは自らKGB側に情報提供を申し出たが、そのやり方自体がユニークだった。駐米KGB政務担当官ビクトル・デグタイアルの自宅に、封筒の中に別の封筒を入れた二重封書を送り、中の封筒の表面に「開封しないままビクトル・チェルカシンに渡せ」と書いた。チェルカシンとは駐米KGB支局の防諜担当責任者である。ハンセンは自分の本名を一切名乗らず「ラモン・ガルシア」の偽名を使った。

KGBへの情報提供の見返りとして10万ドルを支払うよう求め、あいさつ代わりの重要情報として、バレリー・マルトイノフ、セルゲイ・モトリン、ボリス・ユージンの3人の米国駐在KGB要員が「最近米側にリクルートされた」と知らせた。実はエイムズも、マルトイノフとモトリンのことを別ルートを通じて報告している。

マルトイノフは翌月、前出のユルチェンコに同行してソ連に帰国し、逮捕・処刑された。続いてモトリンも処刑。ユージンは懲役15年を言い渡され、1992年恩赦で釈放、米国に移住した。

ハンセンが旧ソ連、続いてロシアに提供した情報はスパイなどの人的情報、防諜技術、FBIの捜査情報、技術工作に関する情報が中心だった。文書数は6000ページ以上、フロッピーディスクは26枚、手紙27通もある。ソ連・ロシア側は偽名での情報提供でも疑わず、見返りの現金は60万ドル強に加えて退職後に受け取る約束でモスクワの銀行の寄託口座に積み立てられた預金80万ドル以上とされている。ロシア側が本名を知ったのは逮捕後、とみられる。

犯行動機は不明

FBIの宣誓供述調書によると、1991年にソ連の崩壊が近付くと、KGB側は「あなたの安全を脅かさないよう手を打った」(同年10月7日)とハンセンに約束した。そしてソ連崩壊後、両者の連絡は絶たれた。ハンセンはソ連崩壊で情報が漏れることを心配したとみられる。KGBの後身SVRとハンセンの間の関係が再開されたのは、8年後の1999年10月だった。

ハンセンは極めて用心深く、しかも自分が担当するFBIの防諜システムを誰よりも熟知していた。KGB／SVRに対して最初から自分の本名・所属を知らせず、KGB／SVRの要員とは一度も会わなかった。1990年代末まで捜査は難航を極めた。

転機は2000年に来た。FBIとCIAが色めき立ったのは、アメリカ人スパイに関する文書をSVRからFBIが手に入れてからのことだった。この文書は「ハンセン・ファイル」と呼んではいるが、文書の中ではハンセンの実名はまったく登場しない。その時「このスパイは現行犯逮捕しかない」とFBI防諜部門の幹部は覚悟を決めたという。

その後、国務省出向となり各国在外公館に対する防諜担当をしていたハンセンに疑問の行動が見られる、との情報が入った。そこでハンセンをFBI本部に異動させ、常時綿密に監視することになった。2001年1月、ハンセンはカメラやマイクまで取り付けたFBI内の小さいオフィスに移動。2月には、朝にハンセンが自宅を出発してFBIに登庁してから夜に自宅に帰るまで行動を監視した。他の関連捜査を続ける捜査官も含めて担当者は300人に達した。

2月18日、ハンセンがバージニア州フェアファックス郡の公園の「デッド・ドロップ」

に〝ブツ〟を置きに来るようだという情報を得て、捜査チームは待ち伏せた。デッド・ドロップとは、お互いの連絡メモや漏洩文書などを入れておく公園のゴミ箱などのことを言う。

ハンセンは車を路上駐車して、プラスチックの袋に入れた機密文書を持って森に入って行き、車に戻ってきた時、逮捕された。

逮捕はできても、ハンセンの犯行動機は詰められなかった。ハンセンは1990年夏に首都ワシントンのストリップバーで知り合った不幸な踊り子と親しくなり、10万ドルの現金やドイツの高級車ベンツなどを渡し、香港への旅行に連れて行ったりもした。[*4] その時は確かに金を必要としたに違いない。しかしその関係は1992年、自然に解消されており、必ずしも金が目的でKGB、その後SVRに情報を提供し続けたとは言い難い。

彼はFBIのカトリック信者にはミサに参列するよう勧め、自分も10年間ほど規則正しく教会に通った時期もあったようだ。踊り子も教会に連れていったことがあったという。しかし、自分が助けたロシアには「神はいない」と非難していた。では、なぜそのロシアを利する行為をしたのか。その理由が分からないのだ。

---

*4 Josh White and Brooke A. Masters, "The spy and stripper," *Washington Post*, Apr. 29, 2001

ハンセン情報はSVR幹部がFBIに提供

もう1点、FBIはどのようにしてSVRからハンセンに関する極秘ファイルを入手できたのか。FBIがSVR内部に情報源を開拓したのはほぼ確実だが、誰がどのような方法で持ち出したのか、FBIは明らかにしていない。

2010年になって、ロシア紙『コメルサント』が「ハンセン・ファイル」の情報源はKGBの元米国担当部長で、SVRでも引き続き幹部を務めたアレクサンドル・シチェルバコフだと報じた。ハンセン情報の提供と引き換えにFBIから700万ドルを得たとの報道もある。同時に、シチェルバコフはハンセンとは別に、米国内に潜んでいた11人のスパイたちの氏名をFBIに教えた後、米国に亡命したと伝えられている。

一般人を装った11人のスパイはその後、ロシアに強制送還された。その中に、日本でも「美しすぎるスパイ」と話題になったアンナ・チャップマンも含まれていた。チャップマンは2010年2月、米国の核弾頭開発計画の情報を収集するスパイとしてSVRから米国に派遣された。アメリカ人になりすまし、表向きにはマンハッタンの不動産会社などを経営する実業家を装っていた。しかし同年6月、他のスパイとともに一斉検挙され、ロシアに強制送還された。ロシアに帰国後は新しいヒロインとして話題になり、テレビ番組の司会者などに引っ張りだこで、人気者となった。

ここまで、KGBのウラジーミル・ペトロフや元CIAのオルドリッチ・エイムズ、元FBIのロバート・ハンセン、と3人の生きざまを詳しく伝えた。3人はいずれも、母国を裏切り、敵国を利する情報を漏らした。その中で、米国とソ連/ロシアの関係は大きく動揺した。冷戦終結後もなお相互不信が募り、スパイ戦争はいっそう激しくなった。

3. 旧ソ連核をロシアに搬出

ずさんな核管理

世界の核弾頭総数は1986年、史上最多のピークに達した。米シンクタンク「天然資源保護協会(NRDC)」の推定ではこの年、世界の核弾頭総数は7万発を超えた。ソ連が約4万5000発、米国が約2万4000発、英仏中が各300~400発に上った。米国とソ連は相手国から大規模な核攻撃を受けた場合、相互に相手国を確実に破壊できる核戦力を保持していることを認識している。その状態を「相互確証破壊(MAD)」と呼び、「恐怖の均衡」とも言われた。

そんな状況下でレーガンとゴルバチョフは1987年、中距離核戦力(INF)廃棄条約に調印した。歴史上初めて、核兵器を削減することになった。

しかし、その4年後ソ連が崩壊した。ＩＮＦで削減されるのは一部の核兵器だけで、崩壊後のソ連には4万発以上の核弾頭が残された。ソ連崩壊で最も危険視されたのは、核兵器の行方だった。

筆者の畏友は当時、プリンストン大学で「ソ連・東欧の核配備」を博士論文のテーマにしており、現地調査もしていた。だが「ソ連軍には、どの基地に何発の核弾頭が配備されているかを示す管理記録もなかった」と言う。東ドイツなどのソ連軍核兵器貯蔵施設には、安全管理の疑わしい基地もあったという。核管理は相当ずさんだった。

ならず者国家やテロ組織への核流出に懸念

それでもソ連時代は、戦略核弾頭とミサイルなどの運搬手段は別々に配置され、ソ連共産党中央の指示を受けた政治委員の指示がなければ、核弾頭を運搬手段に装備することはなかったといわれる。だがソ連崩壊で共産党一党独裁の時代は終わり、核兵器の管理体制も揺らいだ。

特に、ソ連崩壊時に推定約2万2０００発とされた小型の戦術核弾頭の行方が不安視された。ソ連を構成した15共和国のうち、アルメニアやアゼルバイジャン、グルジア（現ジョージア)、タジキスタンのような政情不安な共和国にも戦術核は配備されていた。これらの共和国で「戦術核が盗まれたり、国際的な武器のヤミ市場で売り出されたりして、ならず者国家やテログループなどが手に入れる」恐れがあった、と当時米国防次官補だったハーバード大学ケネディ・スクールのグレアム・アリソン教授は2012年8月に発表した「超大国ソ連の核兵器庫で何が起きたか」とする論文で指摘した。1997年にアレクサンドル・レベジ元ロシア連邦安全保障会議書記が100個の「スーツケースのサイズ」の核兵器が行方不明と述べ、物議をかもした。証拠のないレベジの乱暴な放言だった。

突然世界で3位の核大国になったウクライナ

ソ連崩壊で独立したウクライナは突然、米露に次ぐ世界第3位の核大国になっていた。米シンクタンク「核の脅威研究所(NTI)」[*5]の集計によると、ウクライナに残された旧ソ連の戦略核弾頭は約1900発、戦術核弾頭は2650~4200発で総計4550~6100発に上る。戦略核の運搬手段は、大陸間弾道ミサイル(ICBM)のSS19が130基、SS24が46基、戦略爆撃機44機という。ミサイル発射基地や地下から発射できる

---

*5 https://www.nti.org/analysis/articles/ukraine-nuclear-disarmament(閲覧2024年7月28日)

サイロも残されていた。

ＩＣＢＭは10発以上の複数目標弾頭（ＭＩＲＶ）を装備しており、核弾頭の爆発規模は広島・長崎原爆の30倍近い。当時はなお攻撃目標が米本土の大都市に設定されていた。

射程が長距離で大型の戦略核弾頭は旧ソ連時代、ロシア以外にウクライナ、ベラルーシ、カザフスタンの3共和国に計約３２００発も配備されたままであった。ゴルバチョフ・ソ連共産党書記長兼ソ連大統領は１９９１年12月25日の辞任表明時に、核兵器使用権限をロシア大統領に移譲すると明言した。それによってロシアが旧ソ連の核管理体制を引き継ぐこととなった。

エリツィンは直ちにクレムリンに乗り込み、「核兵器管理に関するあらゆる合意を守る」と言明、それから12カ月のうちに「1万４０００発の戦術核弾頭」を、旧ソ連を構成した共和国から収集し、解体して高濃縮ウランを取り出し、最終的に薄めて原発用の低濃縮ウラン燃料を生産したとアリソンは指摘している。

ジョージ・Ｈ・Ｗ・ブッシュ大統領（父）が１９９１年9月、世界の米軍基地に配備したすべての戦術核を引き揚げると発表したことが核の安全管理へ好影響を及ぼしたとみられる。残る戦術核も、ウクライナを除けば、旧ソ連構成国からロシアに向けほぼ順調に搬出されたようだ。

ウクライナの核が焦点に

それではベラルーシ、カザフスタン、ウクライナに配備されていた戦略核はどうか。

3カ国のうち、ベラルーシはロシアとの関係が緊密かつ従属的であること、カザフスタンのヌルスルタン・ナザルバエフ大統領は完全な非核国家の道を歩むと宣言しており、問題はないとみられた。

懸念されたのはウクライナだった。ウクライナ側で、当時のアリソン米国防次官補らとの交渉を取り仕切ったコンスタンティン・モロゾフ国防相は「仮定の話だが、ウクライナが戦術核を持っても、誰の脅威にもならない。こうした兵器は、ウクライナに対し非友好的な政治・経済攻撃をするロシアに対しては抑止力になり得る」と語ったという。[*6] ロシアからの圧力に対抗するには核兵器が必要になるというのだ。

逆に「ウクライナが不安定な政府の指揮下に置かれた場合、米国の大都市を射程に収める核弾頭装備のＩＣＢＭ」はどうなるのか、とハーバード大学教授になったアリソンは危

＊6　Graham Allison, *"What Happened to the Soviet Superpower's Nuclear Arsenal? Clues for the Nuclear Security Summit"*, Harvard Kennedy School, 2012

険性を指摘している。

そもそもウクライナは旧ソ連の「武器工場」とも呼ばれた。核ミサイル発射を「解錠」するコード技術の多くはウクライナ人技術者が開発したという情報もあった。アリソンは米国の安全保障にとって、ウクライナの核兵器は脅威になり得るとみていた。

戦術核のロシアへの搬送を一時停止

では米国の情報機関はウクライナの核兵器管理についてどんな情報を入手していたのか。米民間調査機関「国家安全保障文書館」の情報公開請求に対して、ジョージ・H・W・ブッシュ大統領図書館は1992年3月27日付の米国防情報局（DIA）分析文書を公開した。タイトルは「ウクライナ――核搬送の中断」。レオニード・クラフチュク大統領が同月12日、ロシアへの戦術核搬送を「一時中断する」と発表した理由が明確に示されている。[*7]

第一に、ロシアと独立国家共同体（CIS）諸国は、ロシアへの核兵器搬送に関し、国際的検証措置について直ちに交渉を開始すべきだ、とクラフチュク大統領は主張している。

第二に、搬送した核兵器が実際に廃棄されると信頼できるまで搬送は中断する。

第三に、クラフチュク大統領は核兵器搬送問題を政治的テコとして利用し続ける。

つまり、ロシアへの核兵器搬送の「一時中断」は、政治的な問題とみられていた。DIAによると、戦術核兵器はすでに半分が搬送ずみと推定されており、5月初めまでに搬送が再開されれば、7月終了の目標は達成できる。また戦略核の搬送についても「1994年終了の目標」と報道されている。ただ、ロシアとの間で「主権」や「安全保障」、「クリミア半島の帰属」などの問題があり、クラフチュク大統領は核兵器の搬送問題を「政治的テコ」として使っているとDIAは解釈した。だから、これ以後ブッシュ米政権はウクライナとロシアの関係を改善するため外交努力を重ねることになる。

「メガトン」軍事対決から「メガワット」原子力平和利用へ

ブッシュ大統領（父）はソ連崩壊後に、こうした状況を予想していたのだろう。崩壊前の訪欧の際、1991年8月1日に首都キエフを訪れ、約30分の短い会談だったが、クラフチュク大統領に「経済問題や核の安全問題など多くの分野で米国は支援できる」と提案した。

---

*7 National Security Archive, "Nuclear Weapons and Ukraine," Dec. 5, 2019

クラフチュクが国連総会に出席した際にも、2人は9月25日にホワイトハウスで会談した。クラフチュクは「ウクライナは非核国でありたい。核拡散防止条約（NPT）に加盟する用意がある。核兵器削減にも参加する。当面核兵器は一つのセンターで管理すべきだ」などと発言。これに対してブッシュは「核兵器に関するあなたの論評に満足している。誰からも核の脅威を受けない非核のウクライナという考え方」を評価する立場を示した。[*8]

ブッシュはエリツィン・ロシア大統領とも同じ趣旨の会談を重ね、旧ソ連の核兵器が残した脅威を回避する政策を推進。米議会もこの問題でブッシュ政権を後押しし、「ナン・ルーガー・プロジェクト」を立ち上げた。ナンは上院軍事委員長などを務めたサム・ナン（民主党、ジョージア州選出）、ルーガーは同外交委員長などを務めたリチャード・ルーガー（共和党、インディアナ州選出）で、1991年中にソ連の核脅威削減法（ナン・ルーガー法）を成立させ、旧ソ連核兵器の解体から廃棄まで数々のプロジェクトを推進した。

核兵器がロシアに搬送されると、ミサイルなどの運搬手段から切り離され、ミサイルを解体する。核弾頭も解体して高濃縮ウランやプルトニウムを取り出す。こうした作業に必要な機器が米国から提供された。1年で4億ドルの予算は米国の国防費から捻出され、4年間続いた。核兵器用の高濃縮ウランは薄めて原発用の低濃縮ウランにした。

米露両国は1993年2月18日、「核兵器から抽出した高濃縮ウランの処分に関するロシア政府と米国政府の協定」という文書に調印した。ソ連の核兵器2万発分に当たる90％以上の核兵器用高濃縮ウラン500トンを薄め、5％以下の原発用低濃縮ウラン1万5000トンに転換し、米国に輸出するプロジェクトである。別名「メガトンからメガワットへの計画」と呼ばれ、平和を象徴する事業となった。

ロシア原子力省傘下の技術輸出会社（TENEX）と米エネルギー省傘下で民営化した米国濃縮会社（USEC）の間の契約で、20年間事業が続けられた。実は現在もウクライナ戦争にもかかわらず、両国の民間企業間でウランの輸出入が継続されている。

ブダペスト覚書

これでウクライナは非核国となる。しかし、すべての核兵器をロシアに搬出後、自らの安全保障が守れるのかどうか、ウクライナは不安を抱いていた。

その不安に応えるため、米国はロシアや英国とともに外交的に保障する手を打った。

その第一は1994年1月14日モスクワで、ビル・クリントン米、エリツィン・ロシア、クラフチュク・ウクライナの3大統領が発表した3カ国共同声明だ。その要旨は、

＊8　同

- ウクライナ領土内のすべての核兵器はロシアに搬出し、解体する。
- ウクライナが搬出した核兵器の高濃縮ウランに対してロシアは直ちに補償する。
- ウクライナがNPTに加盟すれば米国、ロシア、英国はウクライナに対する安全を保障すると確認した。
- 米国は「ナン・ルーガー・プロジェクト」を通じて核兵器の安全な解体を支援する公約を再確認した。

しかし、共同声明による外交的約束ではウクライナの不安は解消されない。

このため同年12月15日、もっと具体的な合意を締結した。ウクライナに加えベラルーシおよびカザフスタンがいずれも非核国としてNPTに加盟したのを機に、これら3カ国の独立と主権、既存の国境を尊重すると約束する「ブダペスト覚書」を交わした。ロシアと米国、英国の首脳がウクライナ、ベラルーシ、カザフスタン3カ国の安全をそれぞれ個別に保障したのである。領土を保全し、政治的独立に対して脅威を与えず、武力を行使することを慎み、自衛の場合を除いて武器を使用しない、とも再確認している。

ソ連崩壊後、核兵器の安全を確保する問題は1996年に決着した形になる。ウクライナからすべての核兵器がロシアに向けて搬出され、歴史的にNPT体制の模範となった。しかし、ロシアは2014年にウクライナのクリミア半島などを侵略して併合し、さらに2022年にはウクライナを侵略、白昼堂々と覚書を踏みにじった。その証拠はこの覚書である。

4．エリツィン政権維持に努めたクリントン

冷戦後のロシア復興戦略を怠った米国

クリントン米、エリツィン・ロシア両大統領の時代、米露関係は蜜月とも言える。クリントンはエリツィンとの関係を基礎にして米露関係を運営した。エリツィンの行動を大目に見て、問題のある行動も称賛するほどだった。

第二次世界大戦後、ドイツは東西の分裂国家になったものの、西独・伊も含めた西欧諸国に対して米国は「マーシャル・プラン」を実行し、戦後復興に尽くした。旧ソ連に対しても同様の復興プランを立案していたら、東西冷戦後も長年にわたって友好的な米露関係を維持できたかもしれない。

全米科学者連盟（FAS）は戦後の歴代政権の国家安全保障の決定文書を公開している

が、米国政府が冷戦後のロシア復興に関して戦略的な検討を行った形跡がない。先述したソ連崩壊に絡む各種秘密工作の基本を成すとみられる戦略文書をレーガン政権は採択している。しかし冷戦後のブッシュ（父）政権およびクリントン政権が、冷戦に敗北したロシアの復興計画を戦略として打ち出すことはなく、ロシア国民は飢餓と貧困の生活を続けざるを得なかったのである。

「共産党員・治安部隊数百人死傷」でクリントンは称賛

エリツィン大統領は、独立国家共同体（CIS）を創設して、ゴルバチョフを排除し、旧ソ連を引き継いで、ロシア大統領としてクレムリンの盟主となった。だが、改革はいっこうに進展しない。旧ソ連の制度の上に乗っかる形で、エリツィンの前に立ちはだかったのは、「議会」という名の旧ソ連最高会議を陣取る共産党員らだ。

エリツィンは1993年10月3日から4日にかけて、「ホワイトハウス」と呼ばれた議会を重火器で武力攻撃、ホワイトハウスは炎上した。ロシアのメディアは「モスクワでこれほどの流血の惨事は1917年のロシア革命以来」と報じた。[*9] ソ連崩壊時を上回る規模の流血だ。

翌5日、クリントン米大統領がエリツィンに「支持を表明するため電話した」。エリツインは「事態は終結し、ロシアの民主選挙や、民主主義制と市場経済への障害はなくなった」と言った。議会に立てこもった勢力をエリツィンは「ファシストの組織」と呼び、「何人かの死者が出たのは良くなかったが、最初に発砲した彼らの失敗だ」と言った。「彼らはドニエストル（モルドバ）とリガ（ラトビア）からギャングを連れてきた」と説明した。クリントンはこの作戦を手放しで称賛し、「心をこめて受け止める」と述べた。

エリツィンによると、死者数は政権側39人。負傷者は推定数百人にも上ったようだ。[*10]

しかし事件の概要は、7日にアンソニー・レイク米大統領補佐官がクリントンに報告したメモとは重要な違いがあった。第一に攻撃の対象だ。「ギャング」というのは、実際は「ラトビア（共和国）とモルドバ（共和国）に配置されていたエリートのロシア治安部隊」だった。元KGBの特殊部隊「アルファ」の可能性もある。それが事実なら、エリツィンは後のFSBを敵に回す形になった。[*11]

＊9　National Security Archive, "Yeltsin Shelled Russian Parliament 25 Years Ago, U. S. Praised 'Superb Handling'," Oct. 4, 2018

＊10　同、Document 5, Memorandum of Telephone Conversation: Telcon with President Boris Yeltsin of Russian Federation

他方、米国側の対応だが、このような反対派の軍事的制圧に問題があっても、クリントンがエリツィンを全面的に支持したのはなぜか。「変革への好機であり、われわれはエリツィンを支持しなければならなかった」からだと当時のトーマス・ピカリング駐露大使は述べている。事実、「エリツィンに代わる政治家はいない」状況だった。[*12]

米民間調査機関「国家安全保障文書館」はクリントン大統領就任3日後の電話会談から、エリツィンが辞任する1999年12月31日の電話会談まで、18回にわたる米露首脳会談の会談録をクリントン大統領図書館などから入手しネット上に公開している。[*13]

これらの文書を読むと、クリントンとエリツィンが個人的に親しい関係を基礎にして、米露関係を運営していた経緯がよく分かる。2人は英語で言う「ケミストリー(相性)」が良く、1993年から1999年末まで7年間にわたり良好な関係を維持した。ロシア大統領選挙への協力、国際的な石油価格の引き上げなど、エリツィンが望んだ協力をした。

米政府系民間団体がエリツィン当選を画策

大統領選挙を前にした1996年、ロシア経済が不振でエリツィン大統領の支持率はひと桁台に落ち込んだ。共産党の候補ら4人に大差を付けられ、窮地に陥ったエリツィン陣営は、ワシントンにある非営利団体「国際共和党研究所(IRI)」の支援を受けた。

ほぼ同時期にエリツィンの二女タチアナ・ディヤチェンコが政権維持のため、ロシア人実業家を通じて米国の選挙コンサルタントを招請した。彼らは25万ドルの契約金で、モスクワのホテルに滞在し、裏から選挙の戦い方を指示した。

選挙戦術は米国スタイルで、社会保障の充実など、支持率を上げる公約は何でもぶち上げた。共産党が政権に復帰すれば「内乱が起きる」と国民の恐怖心をあおり、ネガティブキャンペーンも展開した。こうした作戦が功を奏し、6月の第1回投票ではゲンナジー・ジュガーノフ共産党委員長を3ポイント上回り、7月の決選投票では7ポイント差で勝利した。[*14]

レーガン大統領は1983年に、各国の民主化を進める組織の創設を提唱した。議会が世界の民主化運動に支援金を拠出する「全米民主主義基金（NED）」の設立を決め、それを受けて共和党系のIRIと民主党系の「米国民主党研究所（NDI）」ができた。NED

＊11 同、Document 6, Memorandum for the President from Anthony Lake:Clarification on Your October 5 Telephone Conversation with President Yeltsin
＊12 同、Document 4, Ambassador Thomas Pickering Oral History Excerpt
＊13 National Security Archive, "The Clinton-Yeltsin Relationship in Their Own Words", Oct. 2, 2018
＊14 共同通信、『世界探見』「選挙操る参謀たち」、2003年9月送信。

は香港などの民主派勢力を支援し、これまで「CIAの別働隊」と批判されたこともある。
エリツィンはクリントンに米国政府が直接自分を支持するよう求めたが、クリントンは断り、CIAによる選挙支援は実行しなかったという。[*15]
1997年6月に行われた米国での主要国首脳会議（デンバー・サミット）では、ロシアのG8入りを認め、エリツィン政権の強化に努めた。

エリツィン政権のため石油価格引き上げ工作

ソ連の時代にレーガン米政権は、サウジアラビアと組んで、石油価格の引き下げを謀り、ソ連崩壊を招いたことは先述した通りだ。それとは全く逆に、クリントン政権はエリツィン政権を支援するため、石油価格を上昇させた。

『ワシントン・ポスト』紙のデービッド・イグナシアス記者によると、米国の実業家ロジャー・タムラズ氏が1995年11月と12月の2回、イタリア・ミラノのホテル「フォー・シーズンズ」でエリツィン大統領の側近2人と会って工作の実行を決めたという。タムラズ氏は1995～96年に米民主党に30万ドルを献金したクリントン大統領に近い人物だ。

エリツィン大統領の側近とは、KGBで大統領警護局長だったアレクサンドル・コルジャコフ氏と、プーチン政権になってから大統領府総務局長を解任されたパベル・ボロジン氏と伝えられる。

世界の原油価格は、１９９１年の湾岸戦争以後から１９９７年まで、ＷＴＩ標準油種で1バレル17~23ドルと比較的安定していた。しかし、１９９８年末にかけて下げ圧力が強まった。サウジアラビアとベネズエラが市場拡大争いをして生産増を図ったことと、アジア経済危機で石油需要が減少したことなどの要因が重なり、ＷＴＩは1バレル10ドル近くにまで下がった。

この状況は当時の外貨収入の約20%を原油輸出に依存するロシア経済に深刻な影響を与えていた。１９９９年春、コソボ紛争が深刻化、クリントン政権はエリツィン政権の協力を必要としていた。この時期、米エネルギー長官ビル・リチャードソンがサウジを訪問し、アル・ヌアイミ石油相と会談した後、サウジは原油生産量を削減した。ほぼ同時にベネズエラも「価格重視」に政策を転換、原油価格は高騰を続け、２０００年2~3月には1バレル約30ドルと一挙に3倍増となった。恐らく１９９９年のロシア議会選挙に備える目的があったとみられる。

＊15 David Shimer, *Rigged*, Alfred A. Knopf, 2020, pp.125~130

旧KGBは、米国に妥協するエリツィンを警戒

1996年の米大統領選挙は、クリントンと共和党の対立候補ボブ・ドール上院議員の戦いとなった。両者とも、北大西洋条約機構（NATO）の東方拡大に前向きで、ドールが先に主張したのはポーランドのNATO加盟で、クリントンもこれに賛成した。クリントンはポーランドがNATOに入れば、米国製武器を輸入してくれる、と強い期待を表明した。

ポーランド系米国人は人口統計で900万人近くに上り、特にシカゴからデトロイトにつながる地域の住民に多い。両者ともポーランド系住民の支持を得ようと競い合った。

クリントン再選の翌年、1997年3月21日にヘルシンキで行われた首脳会談で、NATO拡大に対しエリツィンは「われわれの立場は変わらない。NATOの東方拡大は間違っている」と言いながらも、「しかしロシアにとってネガティブな結果を和らげる必要がある」と事実上黙認する態度をとった。一応反対しながらも、クリントンには逆らわなかった。

そこで突然エリツィンは、「旧ソ連を構成した共和国のNATO加盟は認めないという非公表の紳士協定を結ぼう」と提案した。そんな提案をクリントンは予想していなかった

エリツィン・センターに展示されている、1999年12月31日にロシア大統領執務室で向かい合うエリツィン氏（左）とプーチン氏（中央）の写真＝2021年２月７日、エカテリンブルク（写真：朝日新聞社）

様子で「第一、この世界に秘密などない」と言って密約に反対した。

この間ＮＡＴＯ拡大が日程に上り、エリツィン政権最後の１９９９年にはチェコ、ハンガリー、ポーランドがＮＡＴＯに加盟するに至った。

このころ、ＳＶＲの東京支局長ボリス・スミルノフは東京で筆者らと会合した際、ＮＡＴＯ拡大だけでなく、ＮＡＴＯ軍による旧ユーゴスラビアなどへの軍事支援を「域外活動」と厳しく非難した。エリツィン大統領に対する不満もしばしば口にしていた。モスクワでは、後のウラジーミル・プーチン大統領らにより、「エリツィン後」に向けた秘密工作が動き始めたとみられる。

第5章

モスクワ経験わずか4年弱で大統領に

1．スパイ国家の誕生

プーチンの大統領就任は「KGBの勝利」

２０００年5月7日に第2代ロシア大統領に就任する直前、ウラジーミル・プーチンはモスクワのルビヤンカ広場にある連邦保安局（ＦＳＢ）を訪れ、元同僚たちの前で演説した。ＦＳＢの前身はＫＧＢ。ＫＧＢは数機関に分割されたが、主要部分はＦＳＢが引き継いだ。

「偽装して、ロシア連邦政府で働くために派遣されたＦＳＢ工作員のグループは、成功裏にその任務を全うすることになる」

プーチンは半ば冗談めかしてそう言った、と英誌『エコノミスト』[*1]が伝えている。５ページにわたる特集記事のタイトルは「新ＫＧＢ国家の形成」。ソ連崩壊以後の苦難の時期を経て、ＫＧＢがロシアの政権を掌握したというのだ。信頼される高名な英誌の報道は常に信頼を集めている。元ＫＧＢのオレグ・カルーギン退役少将は、もっと単純に、プーチン大統領就任は「ＫＧＢの勝利」と断言した。彼は冷戦期のワシントンで30年間にわたり秘密工作に従事、ソ連崩壊後は米国に移住して、ワシントンの「スパイ博物館」の創設に関わった。

プーチンの発言は過ぎた大言壮語ではなく、歴史的事実とみられる。だが、プーチンがモスクワ入りしたのは1996年。わずか4年弱で大統領に上りつめた秘密に迫れるだろうか。

ひそかに存続したKGBのネットワーク

ミハイル・ゴルバチョフ政権に対するクーデター未遂事件の失敗後、多くの大衆がKGB本部があるルビヤンカ広場に押しかけ、「KGBの父」フェリクス・ジェルジンスキーの銅像の首をロープで縛って、クレーンで引っ張り上げ、地面に叩き付けた。ロシアにはこれほど多くのKGB嫌いがいたのだ。しかしKGBが跡形もなく消え失せたわけではなかった。

ジェルジンスキーという人物は、レーニンの指示でソ連初の情報機関「反革命サボタージュ取締全ロシア非常委員会（チェーカー）」を創設した。「反革命」と判断した何万人もの人々を処刑した、悪名高いチェーカーは、その後秘密警察「内務人民委員部（NKVD）」

＊1 "The making of a neo-KGB state," *Economist*, Aug. 23, 2007

撤去された秘密警察創始者ジェルジンスキーの銅像のまわりに殺到する市民＝1991年８月22日、ソ連・モスクワのルビヤンカ広場（写真：朝日新聞社）

などを経てＫＧＢとなった。プーチンらはその伝統を引き継いでいるのだ。

ＫＧＢはソ連崩壊に伴い分割された。だが実際には、旧ＫＧＢの人的ネットワークは、モスクワを中心に、旧ソ連を構成した各共和国の間でひそかに存続していた。[*2]

ボリス・エリツィンは、旧ＫＧＢ人脈を容認していた。だが、彼らを自分の政治権力のベースにするつもりはなかった。

売却された国家資産を手に入れたユダヤ系

ロシアは社会主義から資本主義へ。「経済の民営化」はロシアに劇的な変化をもたらした。だが『エコノミスト』によると、エリツィンはなぜか、旧ＫＧＢ勢力が民営化のプロセスに参加することを認めなかった。

ソ連の崩壊後、豊富な資源が残された。エリツィンは、埋蔵する貴金属やエネルギー資源など莫大な国家資産を売却して、私有化することを認めた。しかし、旧ＫＧＢ人脈が国家資産の払い下げを受けることはできなかったというのだ。エリツィンは明らかに、彼らが巨額の資金を手にすることを嫌っていた。

その舞台裏で、巧みに立ち回って旧国家資産を手に入れたのは、ユダヤ系のビジネスマンたちだった。彼らはまたたく間に、エネルギー資源や企業体を手に入れて財を成し、「オリガルヒ（新興財閥）」となった。

この時期、旧ＫＧＢ勢力にとっては、オリガルヒを犯罪から守るセキュリティやボディーガード、コンサルタントといった補助的な仕事しかなく、不満が募った。

たとえば、フィリップ・ボブコフ元ＫＧＢ第５総局長はメディア企業の大物、ウラジーミル・グシンスキーのコンサルタント、またアレクセイ・コンダウロフ同広報部長は石油大手ユコスのオーナー、ミハイル・ホドルコフスキーのコンサルタントとして働いた。セキュリティ企業で働く数百人の元ＫＧＢスタッフはほとんどが〝ＫＧＢ同窓会〟のメンバ

＊2　Knight. *Spies Without Cloaks*, p.147

ーだったと『エコノミスト』は伝えている。

「新KGB国家」の誕生

オリガルヒが経済を牛耳り、旧KGBがその補助的な役割を担うというそれまでの社会構造はプーチン大統領就任で一変した。プーチンは行政組織を立て直し、権力構造を一新した。オリガルヒや州知事、メディア、議会、野党などを自らの考えで取捨選択した。

プーチンが排斥したオリガルヒは、政治的に反プーチンの動きを示していた。

1人目はボリス・ベレゾフスキー。大手テレビ局などを所有し推定資産約30億ドル。野党を支援しており、検察庁から呼び出しを受けても出頭せず、英国で政治的亡命を認められた。2013年、英国の自宅で首を吊って死亡しているのを発見された。殺害された可能性もある。

2人目は上記のグシンスキーで、出国を命じられ、姿を消した。3人目は大手石油企業ユコスを経営する一方、野党や非政府組織(NGO)を支援していた上記のホドルコフスキー。何度か警告を受けたが届せず、出国命令も拒否したため、FSBが逮捕した。ユコスは解体され、その大半は国営石油会社ロスネフチが引き継いだ。ロスネフチ会長にはプーチンの側近で副首相だったイーゴリ・セチンが就任した。ホドルコフスキーは刑に服した後、英国に在住している。

今もロシアで健在なオリガルヒは、プーチンに従順な大資本家ばかりになった。旧KGBや軍部、警察などの分野で働いていた「シロビキ」と呼ばれる人材は今や、インテリジェンスのみならず、法執行機関から経済官庁、資源エネルギー部門、通信に至るあらゆる部門を支配するに至った。『エコノミスト』は元スパイたちが支配する「新KGB国家」の誕生と断定している。

KGBは特別な有資格者

エリツィン時代、元KGBやFSBの高官は主として、国家安全保障部門や治安部門を掌握していた。プーチン政権以後は、約半数がなお国家安全保障部門や治安部門にとどまる一方、残り半分は経済界、政党、NGO、文化部門のポストを得た。[*3]

モスクワのエリート研究センター所長オルガ・クリシュタノフスカヤが1016人の政治指導者の経歴を調査した結果、78%は元KGBないしFSBの出身者だった。彼らの任命にあたっては、KGBでの経歴など人事を記録したシステムを援用したに違いない。

＊3 Peter Finn, "In Russia, A Secretive Force Widens," *Washington Post*, Dec. 11, 2006

1992年施行の「外国インテリジェンス法」で「キャリア人員は省庁や企業、組織でポストを得てもよい」とされていて、元KGBの人材は有資格者として情報機関以外の官庁などに入る権利が認められていたようだ。

同所長によると、2007年当時プーチンは少数の幹部で構成される「非公式の政治局」で戦略的な決定を行っていた。このグループは、当時大統領府副長官の2人とプーチンの後任のニコライ・パトルシェフFSB長官、セルゲイ・イワノフ元国防相らで構成された。いずれもプーチンと同じサンクトペテルブルク出身で、彼らの結束は今も固い。

2.「クレムリンの工作員」

祖父はレーニンとスターリンのコック

ウラジーミル・プーチンは1952年10月7日、レニングラード(現サンクトペテルブルク)に生まれた。71年後のその日、イスラム組織ハマスはイスラエルに侵攻した。プーチンの誕生日だったからとも言われる。その約3週間後プーチンはモスクワにハマス代表団を迎えた。

プーチンの父は、海軍兵から第二次世界大戦中に、KGBの前身NKVD破壊工作大隊に異動した。2代続けてのスパイだ。祖父はレーニンとスターリンのコックをしていたと伝えられる。レニングラード国立大学法学部では、後のサンクトペテルブルク市長、アナトリー・ソプチャクがプーチンの指導教官だった。

大学卒業後1975年にKGBに入り、第2総局（治安・防諜）から第1総局（対外情報工作）に異動。1985～90年、東ドイツ・ドレスデンに常駐し、東ドイツ情報機関・国家保安省（STASI）当局との連絡官を務めた。1989年のベルリンの壁崩壊後、東西ドイツが統一したため帰国。恩師が市長を務めるサンクトペテルブルク市役所に勤務し、最後は副市長となった。

トントン拍子で出世した理由

だが1996年6月の市長選挙で恩師が落選、プーチンは同年8月モスクワに本拠を移した。

最初に大統領資産管理部副部長として、旧ソ連およびソ連共産党の資産をロシア政府に移管する仕事をした。翌1997年3月、エリツィン大統領はプーチンを大統領府副長官に任命、さらに翌1998年7月にはFSB長官、とトントン拍子で出世した。FSBはKGBの後継機関であり、プーチンはロシア情報機関のトップに上りつめた形だ。

しかしそれだけではない。1999年8月9日には、わずか1日で3段跳びの急速な昇進を果たした。プーチンにとっては「次期大統領」までの昇進が一気に決まった。第1段階で、第一副首相に任命され、第2段階では「首相代行」に格上げ、3段階目にエリツィンはプーチンを「自分の後継者にする」と発表、プーチンは首相となり翌年の大統領選出馬に同意した。

約1カ月後の9月8日、エリツィンはクリントンとの短い電話会談で、自分の後継者はプーチン首相だと言った。「彼はしっかりした人物で、さまざまな問題を把握している」とほめた。

異例の人事の裏で実は、プーチンが本来の「秘密工作員」としての実力を発揮することになる重大な問題が起きていたのだ。本人自身が「クレムリンの工作員」と意識していたのかもしれない。*4

爆弾テロは「偽旗作戦」か

この時期、ロシアを取り巻く情勢は、緊張の度を高めていた。

第1に、ロシアからの独立を求める南部チェチェンで内戦が深刻化していたことだ。1999年3月には内務省のゲンナジ・シュピググン大将が拉致され、イスラム勢力に殺された。イスラム勢力はロシア国境を越え、ダゲスタン共和国に戦火が拡大。それに伴い、1999年8~9月にかけてモスクワなど都市部のアパートを狙った爆弾事件が続発した。計4回の爆弾事件で死者300人を出したと伝えられている。

これらの爆弾事件を理由に、プーチンは「第二次チェチェン戦争」に踏み切った。しかし、事件の信憑性についていくつか疑問が指摘されていて「偽旗作戦」の可能性がある。偽旗作戦は「敵」側の行動と見せかけて自ら行う工作のことだ。

たとえばこんな奇妙な事件も明らかにされている。9月23日に電話交換手が奇妙な電話の会話を探知して、捜査が行われ、爆弾を所持していた複数の人物が逮捕された。ところが、彼らがFSBのIDカードを所持していることが判明、直ちに釈放された。翌24日、プーチンの後任のパトルシェフFSB長官が「テロ対策の訓練」をしていたとおかしな釈明をしたというのだ。

真相はなお不明だが、プーチンが連続爆弾テロをイスラム勢力の犯行と断定して、ロシア軍がチェチェンに侵攻し事態を収拾、国民の支持を得たのは確かな事実だった。

＊4　Fiona Hill and Clifford G. Gaddy, *Mr. Putin*, Brookings Institution Press, 2013

消えたIMFの融資金

第2の問題は、エリツィンに対する汚職の追及が急を告げていたことだ。エリツィン大統領は財政も金融政策もデタラメで、その上自分自身が腐敗していた。エリツィン自身と2人の娘は、クレムリンの修復工事などを受注したスイスの建設会社、マベテクスから計100万ドル単位のわいろを受け取っていた疑いがある。同社はハンガリーの銀行口座に計1000万～1500万ドルもの金をプールして、エリツィンら政府高官向けのさまざまな支払いに充てたという。そんなことがスイス捜査当局によって明らかになった。これに対し、エリツィンはロシアのユーリー・スクラトフ検事総長らを配置転換して捜査を逃れていた。[*5]

3番目は1998年8月17日、ロシアが債務不履行（デフォールト）に陥ったことだ。債務返済の期限内に返済できず、通貨ルーブルは暴落、経済は大幅に収縮した。実はその3日前の8月14日、前代未聞の不祥事が起きていた。国際通貨基金（IMF）からの48億ドルもの融資がロシア中央銀行に送金されたが、その直後に消えてしまったというのだ。ロバート・ルービン米財務長官は1999年3月19日の議会証言で「不正に流出した」可能性に言及した。新興財閥「オリガルヒ」の手でスイスなど秘密が守れる国の金融機関に移動させたとも言われる。[*6] 国際的な公金を誰が動かしたのか、真相は不明だ。

プーチン大統領代行、初仕事でエリツィンに「免責特権」

エリツィンは、1999年の年末にプーチンを「大統領代行」に任命した。プーチンはその直後、初の行政命令を施行、エリツィンに対する免責特権を認めた。プーチンはエリツィンに免責特権を付与したのと引き替えに、権力を掌握したのである。FSBの組織を通じて得た情報から、エリツィンの汚職の事実を確認して、エリツィンを脅し、自分を抜擢させた可能性は十分あり得る。

米国にロシア再建の戦略はなかった

一連の事実は、米国政府が冷戦の終戦処理に失敗したことを意味する。米国は、エリツィンとクリントンの個人的関係に依存するだけで、ロシアの真の民主化と改革を本気で支援しなかった。第二次世界大戦後、米国は西欧の復興に向けて「マーシャル・プラン」を

*5 Sharon LaFraniere, "Yeltsin Is Linked To Bribe Scheme," *Washington Post*, Sep. 7, 1999
*6 David E. Sanger, "U.S. Official Questions How Russia Used Loan," *New York Times*, Mar. 19, 1999

実施した。それほどの復興計画をロシアでも実行していたら、事態は大きく変わっていただろう。だがエリツィン政権の時代もロシア市民が飢餓と貧困に苦しむ現実は続いた。

米歴代政権の外交戦略の決定事項は、全米科学者連盟（ＦＡＳ）が調査してリストアップしている。対ソ強硬戦略を続けたレーガン政権の文書はＦＡＳで入手できる。だがソ連崩壊後に、米国がロシア市民を支援する戦略はリストにはなかった。

米国の対露戦略の最悪の結末は、元スパイのプーチン大統領による独裁政権に道を開いたことだった。プーチンはその後、小麦など穀物の生産増にも取り組み、ロシアを世界最大の小麦輸出国に発展させた。その結果が支持率に示されている。飢餓と貧困に苦しんだゴルバチョフ時代とは違うのだ。

3. 陰謀の系譜

プーチンは自分たちのグループによる政権維持のため、情報管理も徹底している。そもそも、プーチンがサンクトペテルブルクを出て、モスクワで権力の中枢に入り、わずか４年足らずで大統領にまで上り詰めた裏には、先に示したようにさまざまな動きがあった。

ここではプーチン個人にまつわる不祥事や敵対者を殺害した疑惑に関する報道を紹介して

おきたい。

輸出代金横領や博士論文盗用も

プーチンは1991年、サンクトペテルブルク市長の指示で対外関係委員長をしていた際、貴金属を輸出し食品を輸入するバーター契約を行った。その過程で、貴金属は値下げして輸出したが、逆に食品価格は高騰していた。結局、食品が到着しなかったため、市議会は納得せず調査を行った結果、プーチンによる横領の疑いがあり、解任すべきとの結論が出たが、プーチンは留任したまま、市の仕事を続けたという。[*7]

プーチンはサンクトペテルブルク鉱業大学で博士号を取得したとされているが、提出した博士論文をめぐり、重要な問題が指摘されている。2006年3月30日に米シンクタンク、ブルッキングズ研究所での会議で「プーチンの博士論文のミステリー」と題する発表が行われた。発表者は同研究所のエコノミストでロシア情勢に詳しいクリフォード・ガディ研究員。彼は「プーチンの研究内容は二流で、博士論文に値しない」と指摘した。プーチンの「資源再生産の戦略的計画」と題する約200ページの論文は、全体のスタイルが

＊7 David Hoffman, "Putin's Career Rooted in Russia's KGB," *Washington Post*, Jan. 30, 2000

均質ではないため、筆者は複数とみられ、特に16ページ以後は「戦略計画と政策」と題する米研究者のテキストブックからの引用で、多くの表や数字は出典が明記されていなかったという。

これだけではプーチンの盗作とは断定できないが、この国では論文を買って内容を厳密にチェックしないままサイトに掲載する可能性がある、とガディは指摘している。論文を買うことは珍しいことではないという。*8

躊躇(ちゅうちょ)なく殺害する「敵」

プーチンは政権の敵、と判断すれば、躊躇なく殺害してきた、と西側メディアは伝えている。裁判で死刑判決が出て処刑されたわけではなく、法的手続きも取らないまま、獄中や市中、あるいは飛行中に、秘密工作員を使って惨殺する残忍な行為は異常であり、世界から恐怖心をもって恐れられている。しかしロシア側はプーチンの関与をすべて否定している。

以下に英紙『ガーディアン』や『BBC』、『ロイター通信』などの報道を使って事件の種類別にその一端を紹介しておきたい。年齢はスクリパリを除き死亡時。

▽政敵

アレクセイ・ナワリヌイ（47）＝野党指導者。2020年8月トムスク発モスクワ行き旅客機内で倒れ、昏睡状態でオムスク空港からベルリンに運ばれ、回復した。神経性毒物ノビチョクを投与されたことが確認されている。その後ロシアに戻って拘束され、禁錮19年の判決で服役中の2024年2月16日、北極圏の刑務所で死亡した。刑務所側によると、散歩後に気分が悪くなり、意識不明となって救急治療を受けたが回復しなかったという。

米国とドイツ、ロシアはベルリンで殺人事件を起こし服役中のFSB工作員バディム・クラシコフと、米独が求める米国市民2人とナワリヌイの3人を解放することで、「捕虜交換」と同じ形式の基本的合意が2月初めにできており、ナワリヌイの家族や支持者は期待していた。しかし最終段階で、プーチンがナワリヌイの解放にあくまで反対したとみられる。ナワリヌイを刑務所内で殺害したとも指摘されている。結局、取引はロシア人1・米国人2の交換で終わった。

＊8　https://www.brookings.edu/wp-content/uploads/2012/09/Putin-Dissertation-Event-remarks-with-slides.pdf（閲覧2024年8月8日）

ボリス・ネムツォフ（56）＝物理学者からリベラル派野党指導者。エリツィン政権で副首相兼安全保障会議書記。2000～15年、プーチンの独裁とプーチン政権の腐敗を批判。ウクライナへの軍事的介入を非難。2015年2月27日、クレムリン近くの橋上で背後から射殺された。2017年、チェチェン生まれの5人の男がネムツォフ殺害で有罪評決を受けたが、犯人の氏名等は発表されていない。

セルゲイ・マグニツキー（37）＝税制に詳しい弁護士。ロシア政府高官らによる2億3000万ドルにも上る巨額の政府資金の横領などを追及、国際的に注目された。2008年末逮捕され、2009年末の拘留期限の7日前に獄死した。胆石や膵臓炎（すいぞうえん）を患っていたが、治療を拒否され、暴行を受けて死亡。バラク・オバマ米政権は関係者の入国禁止や在米資産凍結などから成る「マグニツキー法」を制定したが、同種事件の再発防止効果は出ていない。

セルゲイ・ユーシェンコフ（52）＝野党「自由ロシア」議員。1999年のモスクワなどのアパート爆破事件をめぐりFSBの関与を調査。2003年4月17日、政党登録後、自宅の前で狙撃され死亡。

▽秘密を知る元情報機関員

アレクサンデル・リトビネンコ（44）＝元ＦＳＢ工作員。ＦＳＢと組織犯罪の関係などを公表して度々逮捕され、英国に亡命。１９９９年のモスクワなどでのアパート爆破事件に関して著書『ロシア爆破』で「ＦＳＢによる工作」と暴露。２００６年11月1日、紅茶に入れた放射性物質ポロニウム２１０を飲まされて倒れ、23日に死亡した。英国の捜査では元ＫＧＢ工作員アンドレイ・ルゴボイが主犯と認定され、英露関係が悪化した。

セルゲイ・スクリパリ（73、生存）＝元ロシア軍参謀本部情報総局（ＧＲＵ）工作員。１９９０年代から２０００年代初めまで、ロシアと英国ＭＩ６の二重スパイで、２００４年12月ＦＳＢに逮捕され、禁錮12年の判決。英露間の服役中スパイ交換取引で自由の身となり、２０１０年以後、英国在住。２０１８年3月、英ソールズベリーの自宅ドアノブに塗り付けられた神経性毒物ノビチョクのため、モスクワから訪問中だった娘のユリアとともに入院治療を受け、5月までに2人とも回復した。彼がなぜ命を狙われたのか不明だが、逮捕前に３００人以上のロシア人スパイに関する情報を英国に提供していたこと、さらに２０１０年以後は北大西洋条約機構（ＮＡＴＯ）加盟国4カ国向けに情報を提供していたと伝えられることから、プーチンの不興を買った可能性があるともみられる。

エフゲニー・プリゴジン（62）＝民間軍事会社「ワグネル」元代表。プーチンがサンクトペテルブルク副市長の時代に最初に知り合う。プリゴジンはレストランを経営、プーチンが主催した会合などに食事を提供し、「プーチンのシェフ」と呼ばれた。ウクライナ侵攻で、セルゲイ・ショイグ国防相と武器供給をめぐり関係が悪化。プリゴジンは2023年6月23日、ワグネルの戦闘員を引き連れて「正義の行進」を開始、ロシア南部ロストフナドヌーのロシア軍南部軍管区司令部制圧を宣言。さらにモスクワに向けて進軍した。これに対しベラルーシのアレクサンドル・ルカシェンコ大統領が仲介交渉を開始し、プリゴジンと流血回避で合意し、進軍を停止した。

プリゴジンは2016年米大統領選挙のトランプ当選で貢献したほか、アフリカ工作でプーチンの秘密工作に密接に関与したが、最終的に「行進」を「反逆行為」として捜査を開始した。結論が出ないまま、8月23日にプリゴジンと部下ら計10人を乗せてサンクトペテルブルクに向かった航空機が墜落、全員死亡した。米国防総省は「機内で爆弾が爆発した」とみている。

▽**ジャーナリストら**

アンナ・ポリトコフスカヤ（48）＝『ノーバヤ・ガゼータ』紙評論員。著書『プーチンのロシア』で「警察国家化」や第2次チェチェン戦争を批判。2006年10月7日、自宅アパートのエレベーターで撃たれ、死亡。5人が逮捕され、有罪判決。犯人が正体不明の人物から15万ドルをもらった契約殺人事件と伝えられる。

ユーリー・シェコチーヒン（53）＝『ノーバヤ・ガゼータ』紙などで調査報道記者。リベラル派政治家。1999年のアパート爆破事件へのロシア治安機関の関与を調査。調査は邪魔され、毒を盛られて2003年7月3日取材中に死亡。数日後に訪米の予定だった。

スタニスラフ・マルケロフ（34）＝人権派弁護士、**アナスタシア・バブロワ**（25）＝『ノーバヤ・ガゼータ』紙記者。2009年1月19日、マルケロフはクレムリン近くで覆面をしたガンマンに撃たれ、助けようとしたバブロワも撃たれ、2人とも死亡。2人はチェチェン市民の人権保護を主張していた。

殺害された関係者の多くがアパート爆破事件の調査をしていたことが分かる。プーチンが首相の座を固め、次いで大統領になる過程で、極めて重要な事件であり、プーチン側にとっては真相を追及されたくないことだと想定できる。

第6章

プーチンはウクライナ侵攻で復讐

欧米の論文や報道で、ウラジーミル・プーチン大統領の政治・外交・軍事戦略の基本は時に、「リバンチズム（revanchism=報復主義）」とも指摘される。語源は「リベンジ」と同根だ。では何に対する報復か、具体的に掘り起こした論文は見当たらないが、プーチンの行動からみて、欧米に対する報復と言える。

ソ連は、ロナルド・レーガン米政権の「秘密工作」によって崩壊した。「経済戦争」でもあったが、プーチンはその情報を大統領就任後のいずれかの時点で知って、報復を開始した可能性がある。

1．NATO拡大が禍根を残す

プーチンとキッシンジャーが「スパイ同士」で意気投合

プーチンの自叙伝[*1]には、ヘンリー・キッシンジャー元米国務長官と初めて交わした次のような興味深い会話が掲載されている。1991年、恩師のサンクトペテルブルク市長、アナトリー・ソプチャクの下で外国投資を誘致する同市委員会のメンバーをしていて、空港でキッシンジャーを出迎えた時のことだ（K：キッシンジャー、P：プーチン）。

K：ここではどれほどの期間、働いているのか？
P：約1年です。その前は市議会、その前は大学院、その前は軍隊です。
K：どの部隊か？
P：あなたを驚かせてしまいますが、実はインテリジェンスの仕事をしていました。
K：外国で働いていたのか？
P：イエス。ドイツです。
K：東か西か？
P：東です。
K：まともな人はインテリジェンスの仕事から始める。私もそうだった。

2006年に判明したソ連崩壊の真相

そしてキッシンジャーは「まったく予想外の興味深いことを話してくれた」という。
K：ソ連はあんなに早く東欧を放棄すべきではないと私は思った。われわれは世界のバ

*1 Vladimir Putin, *First Person*, Hutchinson, 2000, pp.80~81

ランスを非常に急激に変化させている。それは望ましくない結果を招く。いま私はそんな見方を非難されている。人々は『ソ連がなくなり、すべて正常だ』と言う。しかし私はそんなことはあり得ないと思った。（しばらく間をおいて彼は付け加えた）正直なところ、今に至るも、ゴルバチョフがなぜそんなことをしたのか、私は理解できない（傍点筆者）。

さらにプーチンは記す。キッシンジャーの口からそのようなことを聞くとは決して思わなかった。「キッシンジャーは正しい。もしソ連がそれほど急いで東欧を放棄しなければ、多くの問題を避けることができただろう」と強調しているのだ（同）。

そこで、本書で先述したことを振り返ってほしい。あのイゴール・ガイダルの指摘である。サウジアラビアが1985年9月、石油を急激に増産し始めた。それ以後石油価格は大きく下落し、ソ連経済は急坂を転落するように破綻するのだ。

ガイダルがその歴史的事実を詳述した著書『帝国の崩壊』のロシア語版が発行されるのは2006年、英語版は2007年。すぐに読んで正しく理解したとしてもキッシンジャーとプーチンの初対面から15年後のことになる。

つまり、旧ソ連が石油・天然ガスの輸出で得ていた外貨収入が大幅に減少してしまったため、旧ソ連の経済を維持することが不可能になり、ソ連が崩壊した。同時に、旧ソ連の経済圏であった東欧諸国への経済援助も継続できなくなり、東欧諸国で構成されていたワルシャワ条約機構（WTO）も崩壊した。しかしその裏面では、レーガン政権がサウジと組んで石油を増産して石油価格を下落させた歴史的事実を、キッシンジャーもプーチンも初対面の時には知る由もなかった。旧ソ連や東欧諸国の一般市民がそんな裏面史を知るのは、ガイダルの著書が発行された2006年以降のことである。

キッシンジャーは本物のスパイ

実はキッシンジャーは本物のスパイだった時期がある。戦場ではカウンターインテリジェンス（防諜）の工作、研究者になってからは、非常勤で米国の情報工作を評価する仕事をしている。

1923年ドイツで生まれたユダヤ系で、ナチスの迫害が厳しくなり、15歳の時に一家でドイツを逃れ、米国に移住して帰化し、米陸軍に招集されて、終戦をドイツで迎えた。ドイツには1943〜46年に駐留、最後に防諜部隊（CIC）第970分遣隊の軍曹になった。CICは占領期の日本でも、防諜工作を担当していた。彼の分遣隊は、東欧から逃走したナチス協力者をリクルートして、対ソ連情報工作に利用する工作に従事した。

またハーバード大学で研究をしながら、1952年に「心理戦略委員会（PSB）」、55年に「工作調整委員会（OCB）」、61〜62年に国家安全保障会議（NSC）でコンサルタントをしている。OCBは米中央情報局（CIA）による秘密工作の可否を検討する委員会である。

プーチンから話を引き出すために、自分の履歴を偽ったわけではなかった。これらの経歴は、キッシンジャーがノーベル平和賞を受賞した際、ノーベル賞委員会から発表された資料の中にあった。

プーチンはNATO加盟を望んだ？

プーチンは大統領就任直後には、能天気と思えるほどの「NATO観」を抱いていた可能性がある。

2000年2月、ジョージ・ロバートソン北大西洋条約機構（NATO）事務総長が訪露してプーチンと初めて会談した時のことである。プーチンの過去は秘密に包まれていて、ミステリアスでもあり、事務総長は注意深く対応した。ところが、本人の方から口を開き、「私はロシアが西欧の一部であってほしい。それがわれわれの運命だ」と話し始めたというのだ。[*2]

翌2001年3月5日の英BBC放送とのインタビューでは逆に、ロシアがNATOに加盟する可能性があるかと質問された。プーチンは「その可能性を排除しない。ロシアが同等のパートナーとして認められるなら」と条件を付けたという。

同年9月11日の米中枢同時多発テロの直後、プーチンは米国を支持すると発表した。そのすぐ後、ブリュッセルで再びロバートソンに会った時には、プーチンは「いつロシアにNATO加盟を招請してくれるのか」と質問したという。ロバートソンは率直に「NATOへの加盟を招請することはありません。NATO加盟を申請されてから決めます」と答えた。これに対してプーチンは大国のプライドか、「重要でもない多くの諸国と一緒に並んで待つことはしない」と突き放した。NATO加盟国は「民主主義国」で、「文民統制」でなければならないとする条件を備える必要がある。しかし大国ロシアなら、問題なく加盟を認められて当然、と考えていたようだ。

プーチンは本気でNATOへの加盟を検討していたのかどうか、疑問がある。NATO側の出方を探った可能性もあるだろう。

悪化するプーチンと米国の関係

プーチン政権の最初の2期8年間は、西側との良好な関係が続いた。その後、2008

---

*2 Elisabeth Braw, "When Putin Loved NATO," *Foreign Policy*, Jan. 19, 2022

年から2012年までドミトリー・メドベージェフが大統領を務めて、プーチンが首相に退いた。しかしその後、現在に至るも東西関係はひどく悪化し続けている。

核軍縮の分野では、メドベージェフは2010年に米国のバラク・オバマ大統領と「新戦略兵器削減条約（新START）」に調印した。だがウクライナ侵攻後の2023年2月21日の年次教書演説でプーチンは、新STARTの「履行停止」を宣言した。2019年にはすでに、米ソ中距離核戦力（INF）廃棄条約は失効しており、有効な米露核軍縮条約は今や存在しない。冷戦時代のレーガン＝ゴルバチョフの時代より事態は悪化しているのだ。

インテリジェンス関係では、元米国家安全保障局（NSA）契約職員のエドワード・スノーデンが2013年、大量の機密文書をコピーして持ち出し、香港に出国したあとロシア政府は「政治亡命」を認めて保護。スノーデンは現在もロシアに在住している。ロシア側にとって有益な情報をもたらしたとみられている。

東欧諸国が続々NATO加盟

ロシアと欧米の間で最もこじれた問題は、NATOの東方拡大である。ソ連を中心とする東欧のWTOも崩壊した結果、東側の軍事同盟から解き放たれた東欧諸国は分裂したチエコとスロバキアを含めて17カ国（旧東ドイツを除く）、また旧ソ連を構成していた共和国は15カ国ある。これら諸国のうち、１９９９～２０２０年にＮＡＴＯに加盟したのは14カ国に上る。２００４年に旧ソ連構成国からＮＡＴＯ加盟国になったのはバルト3国のエストニア、ラトビア、リトアニアだ。

プーチンは２０１２年に大統領に復帰後、任期を1期6年に延ばして、現在は通算5期目を務めている。２０１２年以後のプーチン政権と米国および西側諸国との関係悪化はまさに下り坂の連続だ。

旧ソ連構成国では、特にグルジア（現ジョージア）とウクライナがＮＡＴＯ加盟に関心を示し、プーチンは神経をとがらせた。１９９０年の東西ドイツ統一の際に、西側はＮＡＴＯを東方に拡大させないと表明していたのに、その約束を破った、というのがプーチンの主張だ。

「NATOは1インチも東方に拡大しない」と3回繰り返す

実は、この問題では明白な歴史的事実がいくつも残されている。西側の指導者たちは口頭でＮＡＴＯを拡大しない、との約束を何度も繰り返しているのだ。日本では、その事実があいまいにされているので、あえて歴史の真実を明記しておきたい。

口頭の約束は以下の通りだ。[*3]

•1990年1月31日、ハンス・ディートリヒ・ゲンシャー西ドイツ外相が、バイエルン州での演説で、東欧の変化や東西ドイツ統一は「ソ連の安全保障上の利益を損なうことはない」、従ってNATOは「領土を東方拡大し、ソ連国境に近づくことはない」と言明。

•同年2月9日、ジェームズ・ベーカー米国務長官は、ゴルバチョフとのモスクワ会談でNATOの領域が「1インチ(約2・5センチ)たりとも東方に」拡大することはないと表明。「1インチ」を3回も繰り返した。ゴルバチョフは「NATOの拡大は受け入れられない」と同意。ベーカーは「米国が一方的な優位を得る意図はない」と断言した。

•同日、後のロバート・ゲーツCIA長官がウラジーミル・クリュチコフKGB議長に「NATOに統一ドイツが加盟することは支持するが、東ドイツに軍事的プレゼンスはしない」と発言。

•同月10日、ヘルムート・コール西ドイツ首相がモスクワでゴルバチョフと会談「NATOが活動領域を拡大すべきではないと信じる」と言明。

•同年4月11日、ダグラス・ハード英外相がゴルバチョフに「ソ連の国益と尊厳を害することは何もしない」との認識を伝えた。
- 同年5月18日、ベーカー長官がモスクワでゴルバチョフと会談「東欧をソ連から引き離す政策はわれわれにはない」と強調した。

ゴルバチョフも「NATO拡大禁止」の文書化を要求せず

しかしなぜか、条約などの外交文書に上記の発言は一切明記されていない。ドイツ統一に関する最も重要な文書は「ドイツ最終規定条約」だが、それにも書かれていない。東西ドイツの2人の外相とフランス、ソ連、英国、米国の4カ国外相が1990年9月12日、いわゆる「2プラス4」外相会議を行い、署名したこの文書に、NATOを東方拡大させないとの約束は明記されることはなかったのだ。

ベーカーが「1インチ」発言をして帰国後、ホワイトハウスでのNSCでは、ベーカーの発言は過剰だとする意見が出た。ベーカー自身、2022年1月9日の『ニューヨーク・タイムズ』紙とのインタビューで、「少し前のめりになっていたかもしれない」と反

＊3　いずれも米民間調査機関「国家安全保障文書館（National Security Archive）」"NATO Expansion: What Gorbachev Heard," Dec. 12, 2017

省の弁を口にしている。ドイツ統一に対するゴルバチョフの賛意の言葉を引き出そうと力が入っていたようだ。これ以後ベーカーの態度は慎重になった。

他方、ゴルバチョフ自身も「NATOを東方拡大させない」との具体的な要求を持ち出すことはなかった。上記「2プラス4」条約にその一項を明記しなかったのはその結果とみられる。最も重要なタイミングで文書化を求めなかったのはソ連の失敗でもあった。

ケナンはNATO拡大に反対していた

だが米外交の泰斗で、当時なおプリンストンの高等研究所にいたジョージ・ケナン（1904〜2005）は、NATOの拡大に反対し、再考を促す書簡をストローブ・タルボット国務副長官に送付している。東西を分けるラインを引き直すことになれば、ウクライナなどの諸国に選択を迫ることになる。「その選択が致命的な結果を生む前兆にならないだろうか」とケナンは警告した。まさに現実は、ケナンの予言通りの結果をもたらした。[*4]

ケナンはハリー・トルーマンの封じ込め戦略の元となる論文で知られる。『フォーリン・アフェアーズ』1947年7月号に掲載の匿名「X」の論文の著者だ。駐ソ大使、国務省初代政策企画局長などを歴任し、冷戦時代の外交戦略の基礎を築いた。

2. ウクライナが東西対立の焦点に

米海軍第7艦隊とウクライナ海軍が合同演習

ソ連崩壊からわずか6年後、1997年に米海軍第7艦隊とウクライナ海軍が黒海で「シーブリーズ（海のそよ風）」と題する初めての合同演習を行った。このコード名の演習は現在も行われており、その意味では記念すべき第1回演習だった。

ロシア海軍にも参加招請をしたが、ロシア側は怒り、参加を拒否した。この時、すでにウクライナとロシアの間では、ウクライナ・クリミア半島にあるロシア海軍セバストポリ海軍基地の帰属をめぐり対立が表面化しており、いっそう緊張を高めることになった。

この問題でもケナンは「ロシア前線に向けてNATOの境界線を拡大すれば、直接的な軍事行動の可能性を示すことにならないか」とタルボットに問いかけていた。[*5]

ただケナンの主張には重要な要素が欠けていた。ウクライナ国民が何を求めているのか、

＊4　Frank Costigliola, "George Kennan's Warning on Ukraine," *Foreign Affairs*, Jan. 27, 2023

＊5　同

掴（つか）めていなかったのだ。ウクライナは結局、親欧米路線を模索することになるが、親露派も当時、根深い力を残しており、その相克が事態を複雑にした。

オレンジ革命で毒を盛られた大統領候補

ウクライナ市民がウクライナ独立後初めて、自分たちの主張を街頭で訴える機会が2004年11月に訪れた。10月に行われた大統領選挙で、親欧米派の野党候補ビクトル・ユーシェンコ元首相が1位、親露派ビクトル・ヤヌコビッチ首相が2位となり、11月に2人の間で決選投票が行われた。その結果、中央選挙管理委員会はヤヌコビッチ勝利と発表した。これに対して、野党側は開票作業で不正があったと指摘、オレンジ色の旗などを手に首都キエフで抗議集会を連日行って裁判に訴え、最高裁判所がこれを認めて、やり直し選挙が実施され、12月の決選投票でユーシェンコが勝利した。オレンジ色の大衆行動が盛り上がり、「オレンジ革命」と呼ばれた。

親欧米派グループの活動が盛り上がったのは、第1回選挙の前月、ユーシェンコが毒を盛られる事件が起きたことがきっかけになった。ユーシェンコの顔はどす黒い肌の表面にブツブツの毛穴が刻まれ、正視できないほどの醜い顔に底深い秘密が潜んでいた。

事件の発生は9月5日。現場は情報機関「ウクライナ保安局（SBU）」幹部の別荘だった。ユーシェンコはイーゴリ・スメシュコSBU長官らに、選挙に介入しないよう申し入れた。食事にはなぜか、すしなどが供された。その晩、ユーシェンコは激しい頭痛、腹痛を訴え、チャーター機でウィーンの病院に搬送。緊急治療を受けて助かり、選挙を戦った。

謎が残った。一体なぜ、誰がSBU幹部の別荘でユーシェンコに毒を盛ったのか。

当時のウクライナ情報機関の内実を知る専門家なら、すぐ解答するだろう。犯人は「二重スパイ」と答えるのではないか。SBUのスパイでありながら、ロシアに対して忠誠を誓う二重スパイ以外にあり得ないとみられる。ロシアは明らかに、ユーシェンコ大統領の実現を阻止したかったのだ。

親欧米派10万人がデモ

しかし、11月に行われた選挙は明らかに仕組まれていた。支持者たちは怒りを募らせ、親欧米派が初めて、大規模な街頭行動に出る事態に発展した。11月21日の決選投票後、「選挙は無効」と主張するユーシェンコの支持者10万人以上が最高会議などがある首都キエフの中心部を埋めた。

その裏で、彼らの運動を抑え込もうとする動きがあった、とメディアは後になって伝えている。11月28日夜、キエフ郊外の基地に集結した1万人以上の内務省武装治安部隊が出動しようとして、その瞬間、「出動中止」となった。スメシュコ長官がウクライナ軍情報当局などとともに、内務省に働きかけ、出動を中止させたという。

出動の準備をしていたのは内務省軍部隊だけではなかった。英誌『ジェーンズ・インテリジェンス・ダイジェスト』によると、キエフ近くのイルピン内務省軍基地に約500人のロシア特殊部隊スペツナズが待機していた。彼らはウクライナ警察の制服を着て偽装し、内戦の緊急事態に備えていた。大統領府から機密書類を運び出す任務も与えられていた。だが流血の惨事に至らず、内戦も回避された。

次に、ソ連崩壊以後のウクライナ情報機関の歴史を記しておきたい。

KGBウクライナ支局がウクライナ保安局（SBU）に

ソ連崩壊の約3カ月前、1991年9月20日にウクライナ最高会議は、ロシアがキエフに置いていたKGBウクライナ支局を閉鎖し、新たにウクライナ情報機関「ウクライナ保安局（SBU）」を創設した。

それに加えて、「ウクライナ対外情報局（SZR）」、さらに軍部の情報機関「ウクライナ国防省情報総局（HUR）」も発足した。対応するロシア情報機関は、連邦保安局（FSB）、対外情報局（SVR）、ロシア軍参謀本部情報総局（GRU）という形になる。HUR

はGURとも表記されるが、ロシアのGRUと紛らわしいので本書ではHURとする。

ロシア系要員と「忠誠」めぐり対立

旧ソ連を構成した15共和国のうち、ロシアとバルト3国を除く11カ国は1995年までに、KGBに代わるそれぞれの後継機関を設置した。ベラルーシだけは名称変更せず、ベラルーシ政権下でもソ連時代と同じ「KGB」の名称を残した。

ウクライナ国民はソ連時代、KGBを嫌悪していたが、今度はウクライナ人自身の手になるSBUとなった。ところが、ウクライナ自身の情報機関であっても、SBUに期待する人はあまりいなかったようだ。明らかな理由があった。[*6]

第一に、SBU要員に占めるロシア人の割合が35%と驚くほど高かった。

第二に、新機関の初代長官にオイヘン・マルチュクが任命されたことだ。マルチュクはよく知られたKGBのOBだ。SBUのトップ人事はKGB時代からの継続で決められていると見られ、悪い印象を残した。

ソ連時代、KGBウクライナ支局は、ウクライナを政治的にコントロールするとともに、

*6　Knight, *Spies Without Cloaks*, pp.147~154

ウクライナのナショナリズムを抑えるのが主要任務の一つだった。マルチュク自身、ウクライナの反体制派を監視するKGBの調査官をしていたのである。

要員数はKGBウクライナ支局時代の1万8000人から半分に削減された。新組織は、KGBと同じように、情報、防諜、軍事防諜といった部門別に総局制を敷いた。

SBU内部では、親露派対ウクライナ派のせめぎ合いがあった。ウクライナの人権活動家らは新しい情報機関にも疑念を持った。彼らは、ウクライナ西部のSBUリビウ事務所では、ピケを張り、元KGBのリビウSBU支局長を解任して、後任に元政治犯をSBU支局長にするよう要求した。

ウクライナ軍も当初、軍人のウクライナへの「忠誠の誓い」に深刻な問題があり、苦労したようだ。ウクライナ軍将校の50％以上がロシア系で、ウクライナよりロシアへの忠誠を誓う者の方が多かった。しかし2014年、ロシアのクリミア併合で、ウクライナは変わる。

3. 「クリミア併合」で、ウクライナ国民は親欧米に

NATO加盟賛成は5年で2・5倍増の69％に

ウクライナ国民はNATOへの加盟に消極的だった。2012年に米国務省が民間の専

門機関に委託して行った世論調査では、「NATO加盟賛成」と答えた人はわずか28％しかいなかった。大多数は態度を決めかねていたようだ。しかし、2014年にロシアがクリミア半島を奪取し、ロシア系部隊がウクライナ東部を軍事侵攻して以後、世論は急激に変化した。「民主主義イニシアティブ財団」が2017年6月に行った世論調査では「NATO加盟賛成」は69％に増加した。[*7] 2012年から2017年の5年間に何があったのか。

2度目の革命で大統領は15人のSBU幹部とロシアに逃亡

2004年の「オレンジ革命」から2014年の「マイダン革命」（別名「尊厳の革命」）までの10年間に、ウクライナ国民は、親欧米から親露、そしてまた親欧米へと逆戻りした。

オレンジ革命で大統領に就任したユーシェンコは親欧米派だったが、2010年大統領選挙で勝利したビクトル・ヤヌコビッチ大統領は親露派だった。ヤヌコビッチは欧州連合（EU）と自由貿易協定を結ぶ、と公約していたが、公約を破って、逆にロシアとの関係強化に動いた。その上腐敗も表面化して、国民の怒りが爆発、2014年2月からキーウ

＊7　Ken Moskowitz, "Did NATO Expansion Really Cause Putin's Invasion?", *The Foreign Service Journal*, Oct. 2022

の独立広場に最大時80万人を超すデモ隊が陣取り、政府の特殊部隊と衝突した。当時の報道では双方に計100人を超す死者と1000人を超す負傷者を出す惨事となった。

治安部隊が引き揚げた後、デモ隊が首都キーウを管理する事態に陥り、ヤヌコビッチは2月21日逃亡、ロシアに入った。事実上の亡命だった。実は、彼はひとりで逃げたわけではなかった。15人ものSBU幹部も同行したという。親露派の幹部スパイたちは身の危険を感じたに違いない。

同時にウクライナ国内では、親露派とみられるSBU工作員ら数百人が逮捕される騒ぎに発展した。「ソ連スパイがSBU内に浸透していた」と次の新しいSBU長官に就任したワレンティン・ナリワイチェンコは発言している。

第一段階の対ウクライナ武力行使

大統領不在で権力が空白状態に陥った機に、ロシア軍および特殊部隊スペツナズが2月22日、クリミア半島に迫った。27日には軍隊の記章を外した部隊がクリミア議会や政府庁舎を占拠。親露派勢力にロシアへの編入を決議させ、ロシアは3月18日クリミアの併合を決めた。ロシア特殊部隊のあまりにも素早い工作に対してウクライナは防戦する間もなかった。さらに続けて、ロシア系住民が多い東部ドネツク州などの一部をロシア系武装勢力が占拠した。

それから8年後、2度目の対ウクライナ武力行使となる2022年のロシア軍ウクライナ侵攻で、プーチン大統領は東部ドネツクとルハンスク、南部ヘルソンとザポリージャの4州で併合の是非を問う「住民投票」を実施、「圧倒的多数が賛成した」として、ロシアに併合する文書に調印している。ウクライナ侵攻は事実上、2014年から10年以上も続いているのだ。

「クリミア併合」を予測できなかったCIA

米国情報機関は、ロシアがクリミア半島に侵攻し併合することを全く予測できなかった。米上下両院の情報特別委員会は2月27日の秘密会で、CIAおよび国防情報局（DIA）の分析官を招き、ウクライナ情勢について聞いた。

DIAの分析では「ロシア軍はウクライナ国境近くで15万人が軍事演習を行ったが、クリミア侵攻に使わない」との判断だった。CIAは「ロシアの介入を示す兆候はあるが、介入を予測していない」という分かりにくい分析を明らかにしていた。

実は、2001年の米中枢同時多発テロ以後、米政府はロシア情報の優先度を低く設定してきた。

国家情報長官（DNI）は「国家情報優先度枠組み（NIPF）」で分野別の優先度を毎月設定している。ロイター通信がNSAの元契約職員スノーデン容疑者から入手した2013年4月のNIPFによると、最高の優先度に指定された情報は、イスラム教原理主義やテロ計画、イラン・北朝鮮の核開発、シリア内戦など。ロシア関係だと①指導者の意図、②軍部・民間のインフラ、③民主化、④防諜、⑤サイバーの脅威――が最高で、ロシアの「軍事」は最高位にランクされていなかった。

ロシア政府がロシアに亡命したスノーデンからこの情報を入手したのは確実で、米国が当時、ロシア軍の動向をそれほど重視していなかったことを知ったに違いない。

また、ウクライナ情報の収集に関しては、5段階で最低の4ないし5とランク付けされていた。こうした優先度が災いして、当時CIAキーウ支局に配置されていたキャリア工作員「ケースオフィサー」は2、3人しかいなかったようだ。

盗聴された米政府高官の電話

逆に、ウクライナにおける米側の動きは綿密に監視されていたようだ。

2014年2月7日、ユーチューブで突然、米政府高官同士の電話の声が公開される事件があった。いつの会話か明らかではないが、ビクトリア・ヌーランド国務次官補とジェフリー・パイアット駐ウクライナ米大使が電話で、暫定政権の首相にだれが適任か話し合った内容だ[*8]。

ヌーランド次官補の発言には「ヤツには経済の経験も政府の経験もある」と「ヤツ」を推奨したと受け取れる内容がある。ヤツとは野党のアルセニー・ヤツェニュクのことで、結局彼が首相になった。ロシアはこの会話録を「米国がウクライナ内政に干渉している」証拠と非難した。電話はウクライナ当局内の親露派要員が盗聴し、ロシアに提供したとみられる。

米国はヤヌコビッチ政権の崩壊後、暫定政権に軍事情報を提供していたと伝えられている。しかし、現実にはウクライナ軍の暗号通信はロシアに解読され筒抜けの状態だった。

ウクライナ中立化はもはや非現実的

ウクライナ情勢が深刻化したことについて、キッシンジャー元米国務長官は2014年3月5日『ワシントン・ポスト』紙電子版への寄稿で、次のように警告した。

ウクライナ問題では、ウクライナは東側に加わるのか西側に加わるのか、とあまりにも

*8 "Ukraine crisis: Transcript of leaked Nuland-Pyatt call," BBC News, Feb.7, 2014, at www.bbc.com/news/world-europe-26079957（閲覧2024年9月10日）

決着の仕方ばかりが突きつけられている。しかし、ウクライナが生き残り、繁栄するためには西か東かではなくて、西と東の間のかけ橋として機能すべきだ。

平和解決にはウクライナを中立の「かけ橋」にすべきだ、とキッシンジャーは求めた。だが、そんな理想論はもはや現実的ではなかった。ウクライナはこれ以後、米国から軍事・経済援助に加え、CIAのインテリジェンス協力も得て、ロシア軍のウクライナ侵攻に耐える装備と軍事力を備えることになる。

これ以後、2024年までの10年間、世界は激しく揺れた。プーチンは引き続き、米国およびNATOを弱体化させ、ウクライナ全域を支配下に収める秘密工作を展開する。その結果は次の通りだ。

2016年、米大統領選挙でドナルド・トランプ候補が当選
2020年、トランプ落選
2022年、ロシアがウクライナ侵攻
2024年、トランプ再選

こうした経緯の裏で一体何があったのか。時系列で真相を追っていく。

第7章
トランプを操るプーチン

オバマを侮ったプーチン

多くの欧米メディアはウラジーミル・プーチン大統領が欧米に対してリバンチズム（報復主義）を抱いていると指摘する。ソ連崩壊後も北大西洋条約機構（NATO）拡大などで覇権を拡大した米国に対する報復が彼の世界戦略の柱の一つだ。

しかしバラク・オバマ大統領は対外軍事力行使に慎重だった。2013年、オバマはシリアの化学兵器使用を「レッドライン」としながら報復しなかったことが「転換点」になった、と米中央情報局（CIA）長官と国防長官を歴任したレオン・パネッタは言う。[*1] そんなオバマの消極的対応は2016年の米国大統領選挙でも見られた。このため「プーチンはオバマの態度に勇気づけられて」この選挙に介入した、と分析している。まさにプーチンはロシア情報機関が直接介入して、望み通りドナルド・トランプを当選させることに成功し、オバマ政権からそれほどの制裁を受けなかったのである。

ヒラリーを落とし、トランプを当選させる秘密工作

実は、米情報機関はプーチンによる米大統領選挙介入をかなり前から探知していた。

2016年8月、CIAからホワイトハウスに次のような内容の「アイズオンリー」（閲

覧して返却する機密度の高い）文書が届いた。『ワシントン・ポスト』紙によると、

①プーチン大統領は米大統領選挙への介入を自ら指示した。サイバー攻撃で混乱を起こして、選挙に対する信頼性を失わせるよう命じた。
②プーチン大統領の目標は民主党候補、ヒラリー・クリントン前国務長官を打倒するか、ダメージを与えて、トランプ候補の当選を支援すること。

という2点が明記されていた。

1．ＣＩＡはクレムリンにスパイを確保

プーチンの机上の文書を見たスパイが通報

このＣＩＡ情報は、クレムリンの中枢に潜む米国側のスパイから得た。プーチンの机上にあった文書をのぞき見るなどして得た情報を、ＣＩＡに通報したようだ。

＊1　Shimer, *Rigged*, p.159

ラブロフ露外相と会談するトランプ米大統領＝2017年５月10日、米ホワイトハウス（写真：AP／アフロ）

実はこのスパイ、２０１７年6月にひそかにロシアを出国して米国に移住していた。トランプ大統領が２０１７年5月10日に大統領執務室で、ロシアのセルゲイ・ラブロフ外相およびセルゲイ・キスリャク駐米大使(当時)と会談した直後のことだった。

トランプはその際、シリアにおける「イスラム国（ＩＳ）」の活動に関する情報をロシア側に教えたといわれる。この情報はイスラエルが米国に提供した。「機微区分情報（ＳＣＩ＝Sensitive Compartmented Information）」と指定された機密度の高い情報で、情報源が分かるような内容だったという。

このトランプの失態にＣＩＡは驚き、ある貴重なロシア人スパイを出国させることにしたと『ＣＮＮ』は伝えている。クレムリンに常駐するスパイの存在がトランプからロシア側に明らかにされることを恐れた予防的措置だった。トランプは米国の大統領でありながら、自らロシアに情報を漏洩するというあり得ない行為をしてしまったのである。

トランプの情報漏洩で急ぎ米国に亡命したスパイ

そのスパイの名は、ロシア大統領府対外政策局職員、オレグ・スモレンコフ。1969年モスクワ北東部イワノボ生まれ。大学卒業後、ロシア外務省入りし、2006～08年2等書記官としてユーリー・ウシャコフ駐米大使の下で、在米大使館に勤務、大使の帰任と同じ年に帰国した。モスクワではプーチン大統領の外交担当補佐官を務めたウシャコフのアシスタントとして、クレムリンで勤務した。『CNN』によると、プーチンのデスク上の文書の画像をCIAに提供していた可能性があるという。

モンテネグロの日刊紙『ポビエダ』によると、スモレンコフは2017年6月14日、妻のアントニナと子供3人を連れて、ロシア人に人気のある観光地モンテネグロに入り、2、3日後ヨットハーバーがあるポルトモンテネグロをヨットで出港、その後行方不明になったという。アドリア海対岸のイタリアを経て、米国に向かったとみられている。

スモレンコフはワシントン滞在中にCIAにリクルートされた。CIAは高度な情報を得られる立場になるまで、ロシア政府内に潜伏させていた可能性がある。

スモレンコフの亡命後、別のCIAスパイが穴を埋めたようで、2022年のウクライナ侵攻前に、CIAは事前の動きに関して十分な情報を入手、ウィリアム・バーンズCIA長官はジョー・バイデン大統領に報告し、ホワイトハウスは対応策を協議した。

CIAはロシア国内から豊富な情報を得るような状況になっている。バーンズ長官はさらに、SNSへの投稿で「スパイ募集」のお知らせを出したと明らかにした。

オバマは有効な対抗策を打たず

しかし、選挙の約3カ月前に、ロシアが米大統領選挙に介入するという重要なインテリジェンスを得ながら、時の大統領オバマは何らの有効な対抗策も打ち出すことができず、トランプの1回目の当選を招いてしまうのだ。

ロシアによる米大統領選挙介入という米国の民主主義への重大な危機を迎えていたが、選挙日前にオバマが行った対抗策は形式的な行動だけだった。2016年10月7日、国家情報長官（DNI）と国土安全保障長官に、ロシアの大統領選挙介入を非難する共同声明を発表させた。米国民にはその危険性は十分伝わらなかった。パネッタの批判通りだった。

むしろ、与党民主党大統領候補のヒラリー前国務長官が犯した不祥事の方が大きい問題になっていた。ヒラリーは政府の機密文書を自分の私的サーバーなどに保管していることが判明、司法当局の捜査を受けて、選挙には大きなダメージになった。また、ヒラリー自身のメールがサイバー攻撃を受けて盗難に遭っていたことも分かった。

2．サイバー攻撃から不審な接触まで

オバマがＣＩＡからの警戒情報を得る前に、すでにロシア情報機関は米民主党全国委員会などへのサイバー攻撃で大量のメールを盗んでいた。それと並行して、トランプ陣営の要人はロシア政府高官から正体不明の有象無象まで、さまざまな人物との接触を続けていた。トランプ当選に向けて、陣営とロシアが共謀した証拠はあるのだろうか。

ロシアによる選挙介入を捜査したロバート・ミュラー特別検察官が２０１９年に公表した捜査報告書[＊2]などから、真相に迫っていきたい。

＊2　The Mueller Report, United States Department of Justice, 2019

GRUがサイバー攻撃で米民主党の動きを探る

ロシアによる介入の動きは激しさを増していた。

2016年3月19日、ヒラリー陣営の選対本部長、ジョン・ポデスタ元大統領首席補佐官のコンピューターが「ファンシーベア」を名乗るサイバー・スパイ・グループの攻撃を受け、2万通以上のメールを盗まれた。さらに6月には民主党全国委員会(DNC)がロシア軍参謀本部情報総局(GRU)の26165部隊と74455部隊の攻撃を受け、2万通以上のメールを盗まれた。DNCのコンピューターは全部で33台が被害に遭った。ミュラー特別検察官は、ファンシーベアはGRUの26165部隊の別名と判断している。いずれの盗難メールも、GRUから情報公開サイト「ウィキリークス」に提供され、公開された。特別検察官は両事件の犯人12人を2018年に起訴している。

この事件では、DNC委員長が大統領選の有力候補者、バーニー・サンダース上院議員らを公正に扱うのではなく、ヒラリーを優先的に扱っていたことが判明した。このため、民主党全国大会直前に、委員長が辞任する騒ぎになった。ヒラリーはさらにダメージを被っていた。

ロシア情報機関は、このほか対外情報局(SVR)も前年2015年にDNCのネットワークをハッキングしている。ロシアは、ウィキリークスのような外部組織も利用する大がかりな対米工作を展開していたのだ。

こんな話がある。

7月27日、ヒラリーの3万通に上る個人メールが行方不明になっているとのニュースが伝えられた。この問題についてトランプは記者会見で「ロシアよ、言ってやる。行方不明になっている3万通のメールを君たちなら見つけられると期待する」と、ロシアがヒラリーのサーバーにサイバー攻撃をかけるよう求める発言をした。

あたかも政敵を打倒するためロシアの助けを期待した発言か、と思わせるが、実は裏の動きに連動していたことが2018年になって分かった。

実は、GRUの12人に対する起訴状が、まさにその日の舞台裏でのGRUの動きを伝えていた。それによると、犯人たちは7月27日、第三者のドメインでヒラリーの個人事務所で使用されている複数のメール・アカウントへのサイバー攻撃を試みた。ほぼ同時期に彼らはヒラリー陣営の76件のメールアドレスもターゲットにしていたというのだ。トランプがその事実を知りながらおかしげな発言をしていたとすれば、極めて重大な事実になる。

トランプの選挙コンサルタントがロシア・ウィキリークス間の連絡役に

2016年11月8日の米大統領選挙に向けて、ロシア情報機関は活発に動いた。特に、トランプが共和党の大統領候補指名を確実にした時点から、プーチン関係者とトランプ陣営はせわしなく接触しているのだ。

特別検察官の捜査を受けて発行された起訴状によると、8月15日ごろ「グッチファー2・0」を装った犯人たち（実際はGRUの工作員のこと）は、「トランプ選対の上級幹部と定期的に接触していた人物」に対して、「返事をくれてありがとう。私が先に掲載した文書のどこかに何か興味深いことはありますか」と伝えたと記している。

「グッチファー」とは実在のルーマニア人ハッカー（本名マルセル・レヘル・ラザール）のことだ。彼はクリントン夫妻の「取り巻き記者」の一人、シドニー・ブルメンソールが国務長官当時のヒラリーに送付したメールをハッキングした事件の犯人で、逮捕されて、米国に送還された。GRU工作員はそれに「2・0」を加えて自分たちの偽名として使ったとみられている。

また「トランプ選対の上級幹部と定期的に接触していた人物」も実在の人物で、選挙コンサルタントのロジャー・ストーンのことだと多くの米メディアは伝えている。ストーンはトランプ選対の「トリックスター（ペテン師）」（米週刊誌『ニュー・リパブリック』）とも呼ばれたが、その後別件で逮捕された。ストーンはロシアのハッカーたちと情報公開サイト「ウィキリークス」の間の連絡役とみられている。DNCのメールをサイトで公開したのはウィキリークスだったのだ。

クシュナーも不可解な行動

トランプの娘婿、ジャレド・クシュナーもロシア側と再三接触している。4月と12月にキスリャク駐米ロシア大使、12月にはロシア国営「対外経済活動銀行（VEB）」のセルゲイ・ゴルコフ総裁と会談している。ゴルコフは連邦保安局（FSB）のスパイ養成大学と言われる「FSBアカデミー」を卒業後、プレハーノフ経済大学で修士号を取得した。

彼の経歴で疑問があるのは、大手石油会社「ユコス」に入り、副社長まで務めたことだ。ユコスの最高経営責任者（CEO）ミハイル・ホドルコフスキーはプーチン大統領と対立、巨額の脱税事件などを追及されて逮捕・起訴され禁錮8年の判決で服役、ユコスは破産宣告を受けて、国営石油会社ロスネフチに吸収された。

クレムリンおよびFSBと関係が深いゴルコフがユコスで何をしていたか。反プーチンとして知られるCEOおよびユコスの内部情報をFSBに通報するスパイだった可能性もある。

米国ではVEBのニューヨーク支店次長が2015年、米政府の秘密情報入手を謀り、逮捕される事件が起きている。

VEBはクレムリンの戦略的工作を実行する金融機関とみられる。ウクライナでは2004年の「オレンジ革命」で親欧米政権が誕生したが、これに対してVEBはウクライナの銀行部門に5億ドルを投入、さらに大手鉄鋼2社に対して約80億ドルを投資し、4万人の雇用を維持した。その効果があって2010年の大統領選挙では親露派のヤヌコビッチ大統領が勝利した。その後これらの投資が不良債権化し、ヤヌコビッチ政権は2014年に打倒される結果となった。

クシュナーとゴルコフが何を話し合ったか、まったく明らかにされていない。ゴルコフはこの訪米では、JPモーガン・チェイスなど米大手行トップと会談している。米国の対ロシア制裁に関する情報収集が会談の目的ともみられている。

『ワシントン・ポスト』によると、ゴルコフはVEB関連会社の所有機で2016年12月13日ニューヨーク着、翌14日は日本に向かい、プーチンが来日した15日に日本に着いた。日本側とは北方領土をめぐる日露経済協力計画への参加について話し合ったとみられる。日本政府はゴルコフが情報機関に関係する人物だと認識していたのだろうか。

親露派に近いトランプ陣営

オバマ政権時に国防情報局（DIA）長官で、トランプ候補の外交・軍事顧問を務めたマイケル・フリンについても不審な行動が表面化した。フリンはキスリャク駐米ロシア大使と度々会談。DIA長官離任後、ロシアにリクルートされたかと思えるほど、親露派としての行動が目立った。2015年12月には訪露し、ロシア国営メディア「RT」で講演して4万5000ドルもの高額の講演料を得た上、プーチンも出席した夕食会に出席した。

米大統領選挙でトランプが勝利した後、オバマ政権は12月29日、ロシアの介入に対して制裁を発表、外交官らに偽装した35人の在米ロシア・スパイの退去を要求した。これを受けてカリブ海で休養中のフリンはキスリャク大使に電話し、トランプは「3週間後に政権に就くので、過剰な対応をしないでほしい」と要請、ロシアはその説得に従った。米情報当局はフリンの電話を盗聴、監視していた。

このほか、トランプ選対の本部長をしていたポール・マナフォートは特別検察官の捜査対象となり、多額の収入未申告、米国に対する謀略、1800万ドル以上のマネーロンダリング（資金洗浄）など12の罪状で収監され、服役した。マナフォートは親露派ウクライナ人グループのロビイストをしていた。

今も続くロシアの工作

「ロシア疑惑」に関する特別検察官の捜査では、31人と3企業が起訴され、100件以上の犯罪が立件された。しかし、2019年3月に公表された捜査報告書では、ロシアとトランプ陣営の「共謀」を立証することはできなかった。トランプ陣営の人物らの立件内容はすべて、米露の「共謀」の事実などではなく、「偽証」などの別件の犯罪だった。

報告書は全448ページのうち40%、178ページになお黒インクで消された非公開部分がある。奇妙なことに、前後の脈絡から見て、ロシア情報機関による「アクティブ・メジャーズ」に関するとみられる記述が多い。アクティブ・メジャーズは米情報機関の「秘密工作」に相当する。殺人など暴力が伴う「濡れた工作（wet affairs）」、謀略情報の流布やプロパガンダ、戦略情報リークなどは「乾いた工作（dry affairs）」と呼ばれている。米国が被害者となったこの「ロシア疑惑」の工作は後者である。

ロシアのアクティブ・メジャーズを迅速に探知していながら、プーチンが望んだトランプをやすやすと当選させた米インテリジェンス・コミュニティには敗北感が漂った。

実は第一期トランプ政権発足後もロシアは工作を続けていた。そして今も「ロシア側はわれわれと闘っている」とダニエル・ホフマン元CIAモスクワ支局長は米外交誌『フォーリン・ポリシー』電子版で警告している。

3．プリゴジンの組織がSNS使いトランプ支援

ロシアはSNSを「武器化」

もう一つの米外交誌『フォーリン・アフェアーズ』2019年5／6月号では、マイケル・モレル元CIA副長官らは「米国の情報機関はソーシャル・メディア（SNS）の『武器化』というロシアの最も重要なツールに気付いていなかった」と大失敗を指摘している。

元副長官によると、ロシアが米国の選挙システムの土台に打撃を与えるために工作を開始したのは2012年のことで、2014年には実行段階に入ったという。米情報機関はロシア情報機関がSNSを使っていることは周知の事実だった。しかし現実に、米国に対してもSNSを使用していたことを探知するまで発生から4年もかかった。つまり、2018年になって初めて知ったというのだ。米国内で使われているSNSを監視する情報システムは米情報機関にはなかったというのだ。

米上院情報特別委員会が2018年に発表した報告書で、「ずっと大規模な形でロシアはSNSを操作する工作を行っていたことが分かった」という。

特別検察官も、2018年になって、ロシアの工作機関「インターネット・リサーチ・エージェンシー（IRA）」に対する捜査を行った。特別検察官は、フェイスブック、ツイッター（現在のX）、グーグル、ユーチューブ、インスタグラムなどが「ロシア人の使用」を確認したアカウントでIRAが行った投稿を分析した。その結果、すべてトランプ大統領に恩恵をもたらそうとする内容だった。銃砲所持や移民問題で「保守派を活気づけ」、リベラル系米国人の活力を奪うことを目的にしていたという。

IRAが設けた20のフェイスブックのページは3900万の「いいね」、3100万の「シェア」が付き、1億2600万人に届いたと言われる。これほど多くの米国民にトランプ支持を訴えることができた工作の方が、サイバー攻撃より効果的だったに違いない。

プリゴジンの工作機関

ロバート・ミュラー特別検察官が2019年3月に公表した「2016年大統領選挙へのロシアの干渉に対する捜査報告書」に、IRAが行った米国のSNSに対する秘密工作の経緯が明記されている。

IRAはプーチンの側近で「プーチンの料理人」と言われた実業家、エフゲニー・プリゴジンが2012年に創設した。プリゴジンは1961年、レニングラードに生まれ、若い時は犯罪を繰り返し、１９８１年に懲役12年で服役。ソ連崩壊後、カジノやレストランを開業して、同郷のプーチンと知り合った。２０１２年ロシア軍に食料を卸し、利益を得てＩＲＡを設立した。

ＩＲＡは２０１４年の時点で、職員６００人以上、年間予算１０００万ドル（約15億円）の規模に達した。この組織は実際には「トロール」と呼ばれる工作を展開した。トロールとは、虚偽の陰謀説をＳＮＳに書き込んで、大量に拡散させる工作の拠点のことを言う。ＩＲＡはまさに、虚偽の陰謀説などをＳＮＳに書き込み、大量に拡散する工作の拠点なのだ。実際はプーチンのプロパガンダ工作の一翼を担った「民間情報機関」と言えるだろう。

対米工作は大統領選挙の２年前、２０１４年から開始した。アレクサンドラ・クリロワ、アンナ・ボガチョワの２人のＩＲＡ女性工作員が２０１４年６月４日、米国に入り、アメリカ人になりすました多数のＳＮＳのアカウントを確保した。

選挙年は、フェイスブックでは２０１６年４月から11月の間に、特に中西部の「ラストベルト」（錆びついた工業地帯）と呼ばれるミシガン州、ウィスコンシン州、ペンシルベニア州などの有権者に向けてトランプを支援し、ヒラリーの名誉を傷つける次のような寄稿を流した。例示しておきたい。

「ドナルドはテロの打倒を求める。ヒラリーはテロのスポンサーだ」

「トランプは良き未来へのわれわれの唯一の希望」

「オハイオはヒラリーの投獄を望んでいる」

「ヒラリーは悪魔だ。彼女の犯罪とウソは彼女がどれほど悪いか証明している」

こうした主張が1億人を超える購読者に閲覧された。

プーチンに「反旗」とみて殺害

プリゴジンは2023年6月23日、自らの民間軍事会社「ワグネル」がロシア軍当局から差別扱いを受けたとして、「正義の行進」を率いて蜂起を呼び掛けた。南部ロストフナドヌーのロシア軍南部軍管区司令部を制圧し、翌日朝には一時、モスクワに向けて進軍を開始。これに対しプーチンは、プリゴジンの行為は裏切りであり「必ず罰する」とTV演説。ベラルーシのアレクサンドル・ルカシェンコ大統領が仲介に入り、プリゴジンは流血回避のため進軍を停止した。

2カ月後の8月23日、モスクワからサンクトペテルブルクに向かうためプリゴジンらが搭乗したビジネスジェット機が墜落、乗客乗員全員が死亡した。米国防総省は「機内で爆弾が爆発した」とみて他殺説をとっている。

プリゴジンはトランプ支援のSNS工作で2018年、特別検察官によって他の11人の

ＩＲＡ工作員および法人としてのＩＲＡとともに起訴されている。プリゴジンはこのほか、ウクライナの「クリミア併合」や「親ロシア系東部地区の占拠」、アフリカの「紛争ダイヤモンド」などにも関与して、多くの秘密をプーチンと共有する関係にあったが、邪魔者になると、容赦なく殺害されたとみられている。

分断の拡大狙いＢＬＭデモも扇動

米国では２０１３年以降、黒人が警察官に殺された事件をきっかけに、「ブラック・ライブズ・マター」（ＢＬＭ、黒人の命は大切だ）というシュプレヒコールで人種差別に反対する運動が広がった。「反トランプ」の運動に重なるとみられていたが、実はＢＬＭ運動にもロシアが一時期関与していたことが特別検察官の捜査で分かった。

全米の主要都市に拡大したこの運動をボルティモアで主催した「ブラックティビスト」という組織のＳＮＳのアカウントはロシアの秘密工作の一環として設置されていた。彼らは反トランプ系グループも扇動していたのだ。

トランプ当選から４日後の２０１６年11月12日、ニューヨークではトランプ抗議デモが行われた。ＳＮＳの投稿を６万１０００人がシェアして街に出たが、ＢＬＭのグループもこれに参加したようだ。ロシアは明らかに、大統領選挙への介入を超えて、さらに米国社会の対立を深刻化させ、分断を拡大するプロパガンダ工作をしていたことになる。

4. トランプ・ロシア関係の深層

プーチンはなぜ、トランプに目をつけ、大統領選挙で支持したのか。「不動産王」と呼ばれたトランプとロシアの接点はどこにあったのか。冷戦後の1990年代からトランプが展開してきたビジネスの状況から点検していきたい。

1990年代の連続破産で取引はドイツの銀行だけに

米国民が2016年当時トランプに抱いたイメージは「大成功したビジネスマン」とみられる。だから、彼に思い切った政治を期待する、と考えて投票した米国民が多かったようだ。

しかし、その現実を見ると、意外な事実が浮かび上がる。トランプが倒産させた主要なケースは以下の通りだ。いずれもホテル、ないしはカジノ・ホテルである。

1991年　トランプ・タージ・マハール（ニュージャージー州アトランティックシティ）

１９９２年　トランプ・プラザ・ホテル&カジノ（同）、トランプ・キャッスル・ホテル&カジノ（同）、プラザ・ホテル（ニューヨーク）
２００４年　トランプ・ホテルズ&カジノ・リゾーツ
２００９年　トランプ・エンターテインメンツ・リゾーツ

トランプ自身はこれらの倒産について『ニューズウィーク』誌に「（債務減らしの道具として）破産法をうまく使っている」と発言している。

現実には、１９８０年代には70行以上の銀行がトランプに約40億ドルを貸し付けていた。しかし１９９０年代の連続破産で米銀行は手を引き、取引銀行はドイツ銀行とドイツ・バイエルン州の銀行の2行だけになったと言われる。特別検察官は２０１８年、ドイツ銀行を召喚、捜査している。

「謎の男」の仲介でトランプとロシアが接近

そんな窮状を救った謎のユダヤ系ロシア人ビジネスマンがいる。米露の情報機関とも関係を維持するこの男がニューヨークのトランプタワー24階に事務所を置いたのをきっかけに、トランプのビジネスは上向き、モスクワにトランプタワーを建設するプランが浮上するなど、トランプとロシアの関係がぐっと近くなるのだ。

この男フェリクス・セイターは8歳の時に、一家でイスラエル経由で米国に移住。ニューヨーク・ブルックリンで育ち、米国籍を得た。父は米国でマフィアの一員になったと言われる。本人は大学を中退し、ウォール街で証券会社の電話セールスの仕事に就いたが、若いころはならず者で、1991年に酔っ払って喧嘩し、マルガリータが入ったグラスで相手を殴り、禁錮1年の刑に服したことがあった。

その後証券会社を設立、いかがわしい株取引やマフィアとの関係が連邦捜査局（FBI）に探知され、取り調べを受けた。有罪を認め、ウォール街で暗躍する組織犯罪グループに関する情報をFBIに提供するのと引き換えに、禁錮刑を逃れ、2万5000ドルの罰金刑を受けただけで済んだ。

この間、セイターはFBI、さらにCIAのエージェントとして、アフガニスタンに残留していた米国製の肩掛け式スティンガー・ミサイルの回収作業に協力。9・11米中枢同時多発テロの首謀者、ウサマ・ビンラディンの衛星電話の番号も入手したといわれる。後の米司法長官ロレッタ・リンチは議会証言で「セイターの情報は国家安全保障にとって重要で、非常に役に立った」と証言している。

また一時、「ニューヨークの銀行家」と称してロシアに戻り、旧ソ連の国家保安委員会

（KGB）の高官やGRUの関係者と知り合ったという。恐らく米露情報機関を二股にかけた二重スパイと言えるだろう。

ロシア・マネーでトランプは「成功者」に

セイターがカザフスタン出身の元ソ連政府高官でクロム鉱で儲けたテブフィク・アリフという人物と共同でトランプタワーに事務所を置いたのは「ベイロック・グループ」という不動産開発会社だ。アリフがカザフスタンなど旧ソ連諸国のお金持ちから巨額の資金を集め、トランプが売り出したフロリダ州の別荘などに投資させた。

2005年に発売された46階建ての「トランプ・ソーホー」はトランプの新しいビジネスモデルを展開するきっかけとなった。トランプはただ名義を貸すだけで、トランプ本人に15％、長女イバンカと長男ドナルド・トランプ・ジュニアに各3％の所有権が与えられた。

米大統領選挙の前に、モスクワにトランプタワーを建設する計画が持ち上がり、セイターはイバンカとジュニアとともにモスクワに同行、クレムリンのプーチン大統領の執務室を見学、その際大統領の椅子に腰かけたと米紙では伝えられた。

トランプは2004年から『アプレンティス（徒弟）』と題するテレビのリアリティ番組に出演、「ユウ・アー・ファイアード（君はクビだ）」の決まり文句とともに有名になった。

トランプはロシア・マネーのおかげで「ビジネスの成功者」というイメージを売り出すのに成功した。ロシア情報機関も加わって、いつの時点でロシアが支援してトランプが大統領選挙に出馬するプロジェクトがまとまったのだろうか。特別検察官はセイター自身も調べたが、その経緯はつかめなかったようだ。

トランプタワーの「謀議」？

もう一つのルートがある。それは2013年11月9日にモスクワでミスユニバース世界大会が開かれ、トランプはその主催者として司会をし、多くのロシア関係者と知り合いになったことだ。トランプが特に親しくなったのは、ロシアの大手不動産会社「クロカス・グループ」のアラス・アガラロフとその息子らのグループだ。

この人脈が、2016年大統領選挙中の6月9日に、トランプタワーで、米露の計8人の会合につながったとみられる。米側はトランプの長男、ドナルド・トランプ・ジュニア、娘婿のジャレド・クシュナー、選対本部長のポール・マナフォートら。ロシア側は、プーチン側近の一人ユーリー・スクラートフ元検事総長に近い女性弁護士ナタリア・ベセルニツカヤ、元タブロイド紙記者ロブ・ゴールドストーン、米露二重国籍の元ソ連軍情報将校でロビイストのリナート・アフメトシンらがいた。その際、ヒラリーの不祥事についてロシア側から情報を得る約束について話をしたようだ。それ以外に具体的な工作を話し合う「謀議」があったかどうかは不明だ。

5. ブレグジットでもロシアが秘密工作

英国の欧州連合（EU）からの離脱「ブレグジット（Brexit）」の賛否を問う2016年の国民投票。事前の予想では、反対多数で否決とみる専門家の方が多かったが、結局は小差で離脱派が勝利した。実はその裏で、ロシアの魔手が投票結果に影響を与えたとの指摘もあった。ただ、米国のように特別検察官を任命して、厳しく追及する動きは見られず、調査報告書も発表されなかった。

ロシア外交官がEU離脱運動の核を形成

ロシアによる工作で注目されたのは、2012年ごろからロシア・スパイらが与党保守党に浸透していった事実だ。特に、駐英ロシア大使館参事官を務めていたセルゲイ・ナロービンの役割に注目が集まった。ナロービンは2012年に在英ロシア大使館の施設で行われたパーティで、保守党内の親露派議員を中心とする「保守党ロシア友好協会」を立ち上げたことが大きい業績として評価された。このパーティには、英露の250人が参加、その中から4年後の英国民投票を闘うグループが形成されていったという。

このグループから、ブレグジット支持を推進する「離脱投票（Vote Leave）」という組織のマシュー・エリオット元理事長やボリス・ジョンソン首相の上級顧問となるドミニク・カミングズらを輩出した。ナロービンがブレグジット運動の核を形成したと言える。

ナロービンは友好協会をベースに活動を展開。当時ロンドン市長だったジョンソン（後に首相）と一緒にロンドン市役所で撮った写真をツイッター（現X）に投稿、ロシアについて「温かい言葉を語った良き友人」と紹介した。しかし、その後ナロービンとロシアのSVRの関係が取りざたされて、友好協会は解散。ナロービンは2015年、約5年の駐在を終えて帰国した。「強制退去処分」だったとも報道された。

英紙『ガーディアン』とロシアの独立系ニュースサイト『インサイダー』の合同取材で以上のことが分かった。またナロービンがモスクワ南西部のミチュリンスキー・プロスペクト27にアパートを所有していることも判明した。この地区は情報機関の名前を取った「FSBハウス」と呼ばれていることも分かった。ナロービンの父はKGB工作員からFSB将官となった。兄弟もFSBの要員と伝えられている。

ジョンソン首相の上級顧問が謎のロシア滞在

他方カミングズは、オックスフォード大学のエクセター・カレッジを卒業後、ロシアに渡航。1994～97年の3年間、ソ連崩壊後の混乱期にロシアのベンチャー企業でさまざまなプロジェクトを手がけて、帰国したという。しかし、彼のロシア滞在には不可解な謎があると伝えられている。

当時労働党の影の外相だったエミリー・ソーンベリーはカミングズとロシアの関係を問題視し、ロシア滞在の目的が不明で、ロシアの政治家やインテリジェンス関係者との関係も明らかにされていないと批判している。

1999年以降は英国の政治活動に関与、ユーロ圏加入反対運動などに参加し、2015年から本格的にブレグジット運動に取り組んだという。

2019年7月のジョンソン首相就任で、カミングズが首相の上級顧問としてハイレベルの機密文書を取り扱う立場に置かれたことを問題視する議員もいた。

英国の下院情報安全保障委員会は、EU離脱派が勝利した国民投票の裏で蠢(うごめ)いたロシアの秘密工作を調査し、3年後の2019年3月に調査を終えて、「ロシア」と題する報告書を発表する段取りになっていた。

同委員会は、防諜機関ＭＩ５、通信傍受やサイバー問題を担当する政府通信本部（ＧＣＨＱ）などの情報機関が約半年かけて報告書案をチェックし、公表しても問題はないとの結論を得て10月17日に首相官邸に提出された。しかし、ジョンソン首相は総選挙前の公表に反対した。首相および当時の与党保守党に不利な内容が含まれているため公表を避けたとの批判もあった。

6. トランプに期待するプーチン

トランプはスキャンダルで「脅された」か

米国では２０１６年大統領選挙中に、トランプが滞在したホテルで、ＦＳＢの仕掛けにはまって女性とのみだらな行為にふけったとの情報が伝えられた。この情報は、当初は共和党のトランプの対立候補、後にヒラリー陣営からの依頼で米調査会社「フュージョンＧＰＳ」を通じて、英国の対外情報機関ＭＩ６のクリストファー・スティール元ロシア部長がまとめたいわゆる「トランプ文書」の中で指摘されていて、ニュースサイト「バズフィード」によって公開された。

この情報はスティールからＦＢＩにも提供され、トランプはプーチンに脅されているといった見方が情報機関にも広がった。その後、スティールの情報源が、伝聞情報で証拠があるわけではないと証言して以後、情報の信憑性が疑われている。

誰も知らないトランプ=プーチン会話の中身

トランプは2017年の大統領就任から2年間、世界の5カ所でプーチン大統領と非公開の米露首脳会談を行ったことが公式発表で明らかにされた。だが問題がある。両首脳のやりとりの内容は米政府内でも一切明らかにされていないのである。このため外交安保政策を担当する米政府当局者でも、CIAや世界最大の盗聴機関、国家安全保障局(NSA)などの情報機関に問い合わせ、同時に会談後のロシア大統領府の対応に関する情報を参考に会話内容を類推するという奇妙な状態が続いている。

実は、トランプとプーチンの会話は面と向かった会談が5回、公開された電話会談は第1期の大統領就任から2019年1月初めまでで9回とされている。2024年10月に発刊された同紙のボブ・ウッドワード記者の新著『戦争(War)』によると、トランプが2020年大統領選に落選して以後も、2人は電話で7回程度の会話を交わしており、2016年大統領選挙に当選以後の会話と会議の総回数は25回を超えているとみられる。

G20の記念撮影に臨むトランプ米大統領（左）とロシアのプーチン大統領＝2018年11月30日、ブエノスアイレス（写真：朝日新聞社）

通訳官のノートを取り上げる

トランプは会話の内容が公開されないよう極めて神経質になっていることが分かる。

第1回の会談となった2017年7月7日のドイツ・ハンブルクでは、トランプは会談後、通訳からノートを取り上げた上に、聞いたことは誰にも口外してはならないと命じたという。

そんな経緯にミュラー特別検察官も米議会民主党も関心を持ち、通訳官らに対してノートの提出を求める動きがあったが、現在はノートが存在するかどうかも明らかではない。

2018年7月16日、フィンランド・ヘルシンキでの公式の米露首脳会談は野党民主党の強い批判を浴びた。1対1で約2時間、通訳だけが同席したこの会談の終了後の記者会見で、トランプは２０１６年米大統領選挙へのロシアの介入について「プーチン大統領はロシアじゃないと言っている。ロシアである理由が見当たらない」とプーチンの主張を鵜呑みにする発言をした。ＣＩＡは「プーチンが介入を指示した」とする判断をしており、米大統領が自国の情報機関を信頼せず、ロシア大統領を信頼するというおかしな現実が明からさまになった。

２人が非常に親しいことはウッドワードの新著からあらためて明らかになった。コロナ感染の最盛期にトランプはコロナウイルスを検出する検査機器をプーチンに贈ったという。また、フロリダ州の別荘でトランプは自分の部屋でプーチンに電話をする際には、人払いをし、側近にも会話内容を聞かせないようにしているという。

「ディープステート」が止めたトランプの〝暴挙〟

トランプがこれほどの神経質な態度を示していることもあり、ダン・コーツ元ＤＮＩ長官やストローブ・タルボット元国務副長官ら元米政府高官は「プーチンはトランプを操っている」との見解で一致している。

ではプーチンは、トランプを使って何をさせようとしているのか。

プーチンとしてはまず、ＮＡＴＯの拡大を止めたい。具体的にはウクライナのＮＡＴＯ

加盟阻止、米国のウクライナへの軍事援助停止、米国のNATO離脱を実現したいと考えてきたに違いない。

トランプは第1期政権の2018年以降、ホワイトハウス内で数回、米国の「NATOからの離脱」を口にしたと伝えられる。最初にそれを言い出した時は、本気かどうか分からなかったが、何度も言及するので高官らは不安を募らせたという。大統領補佐官（国家安全保障担当）を務めたジョン・ボルトンらが証言している。

米国がNATOから離脱すれば、NATO体制は崩壊する。米国という核超大国あってのNATOだ。米国が離脱すれば、米国が西側諸国に対する支配的地位を維持して世界平和を保つという戦後の「パックス・アメリカーナ」も終焉の時を迎える。プーチンは米国の支配体制を崩壊させようとしていると「エスタブリッシュメント」の米政府高官らは警戒している。しかし、トランプは「NATOからの離脱」と口にしただけで、ジョン・ケリー首席補佐官、ボルトン、マクマスター両補佐官（国家安全保障問題担当）らの猛反対に遭い、引き下がった。

トランプはこれらエリート官僚を「ディープステート」と呼んでいる。意訳すれば「地下政府」とも言える。「秘密結社」と誤解させて、陰謀論につなぐ意図があるかもしれない。トランプは今なおこの言葉を使い、2025年1月からの第2期政権では、これらエリートを一掃して、新たに5000人の同志を入れるとも発言していた。

対ウクライナ軍事援助を一時執行停止

米国からウクライナへの軍事援助を、トランプが止めようとしたこともあった。

2019年7月、トランプは約4億ドルの対ウクライナ軍事援助の執行差し止めを国務・国防両省に指示した。その1週間後、トランプはウクライナのウォロディミル・ゼレンスキー大統領に電話し、翌年の大統領選挙に出馬するライバルのバイデン前副大統領の次男の不正事件などを捜査すれば、軍事援助を執行するという趣旨の発言をした。

この事実を内部通報したのはCIA要員だった。だがトランプの側近の一人スティーブン・ミラー補佐官は「ディープステート工作員」の仕業と非難。トランプ自身は「彼らは自分を狙う反逆者」と罵った。

議会で決めた援助を大統領が差し止めるのは違法であり、野党民主党が厳しくこの問題を追及したため、同年9月11日にトランプは「執行」を関係省庁に連絡した。この問題はトランプ大統領弾劾の動きにまで発展した。

ウクライナへの軍事援助は、共和党の一部がバイデン政権の援助継続に反対し、大きい問題になったが、トランプ第1期政権では曲がりなりにも継続してきたのだ。

第8章

トランプ政権が去りウクライナ侵攻へ

1．有事に向けて準備してきたプーチン

トランプ落選でプーチンは方針転換

ウラジーミル・プーチン・ロシア大統領が期待したにもかかわらず、ドナルド・トランプ大統領は第1期政権の4年間のうちに米国の北大西洋条約機構（NATO）離脱やウクライナへの軍事援助停止などを実行できなかった。

さらにトランプは2020年の大統領選挙で敗れ、ホワイトハウスの主は民主党政権のジョー・バイデンに代わった。

その間もウクライナの欧米化は急速に進展している。米国の情報機関および軍隊がウクライナを支援している、との情報は、詳細は不明としても、プーチンの耳に入っていたであろう。プーチンとしては次の手を考えなければならなかった。方針転換を図る必要があったが、プーチンが戦争を選択するとは誰も予想していなかった。

「米軍は参戦しない」のバイデン発言でプーチンは侵攻を決断

事態は次のように動いた。

- 2021年1月20日、トランプはホワイトハウスを去った。
- そのわずか1カ月後、2月21日にロシア国防省は「大規模な演習のため」として、3000人から成る落下傘部隊をウクライナ国境地帯に派遣した。
- 3～4月には、その規模は大きく膨らみ、クリミア占領地とウクライナ国境に配備されたロシア軍兵力は推定約4万人に達した。
- 6月までにロシア部隊の一部はいったん撤退した。
- 11月、ウクライナ国境を包囲するロシア軍はウクライナの推定で約10万人に達した。
- 2022年2月24日、ロシア軍はウクライナに全面侵攻。

こうしたロシア軍の動きをどう評価すべきだろうか。

時系列から判断すれば、プーチンはトランプを使って米国のウクライナ援助を停止させることも、米国をNATOから離脱させることもできなくなった。このため軍事力行使を選択したとみることは可能ではある。

軍事力を行使するにあたっては、他の条件も考慮しなければならない。

最も重要なのは、米軍がどう出るか、だ。米軍がウクライナに派遣され、ロシア軍と戦うことになれば、第三次世界大戦に発展する可能性も考慮しなければならない。

その点に関して、バイデン大統領は「米軍部隊は参戦するためにウクライナに派遣しない」と明確に発言した。米軍はロシア軍と直接戦うことはないというのだ。これでプーチンはウクライナを侵攻できると確信しただろう。バイデンが米軍参戦の可能性をほのめかしていたらもちろん、沈黙し続けていた場合でも、ウクライナ侵攻はなかったかもしれない。

世界で小麦輸出1位、外貨準備5位

プーチン大統領は米国でもしばしば「報復主義者」と呼ばれる。「ソ連崩壊」で挫折し、冷戦後も「NATO拡大」が国境に迫り、プーチンは一貫して西側に対する報復を考えてきたと思われる。

そのためには決して、二度とソ連崩壊のような事態に陥ってはならない。

ソ連が崩壊した直接的な原因は先述のように、サウジアラビアと米国が組んで演出した石油の大幅増産と石油価格の下落に伴ってソ連は外貨不足で穀物を輸入できなくなり、国民および東欧の同盟諸国民が飢餓に苦しんだことだ。そんな事態を繰り返さないためには、第一に、十分な外貨を保有する。つまり外貨準備を大きく積み増した。

第二に、ソ連社会主義下で著しく生産力が低下した小麦生産を大幅に増やすこと。

第三に、石油価格の一方的な下落を防ぐため、ロシアはサウジアラビアと足並みをそろえようと「OPECプラス」に加盟した。

外貨準備は、有事に備えて貯め込み、2024年11月時点で6200億ドル、1位中国、2位日本、3位スイス、4位インドに次いで世界5位だ。ただ、およそ半額は欧州の銀行に預けられていて、ウクライナ侵攻の制裁により凍結されている。欧米諸国はその利子を対ウクライナ軍事支援に充てることで合意している。

小麦生産は、プーチンが2012年に「ロシアの穀物輸出を2倍に増やす」との号令で増産を続け、2023~24年に小麦輸出は5100万トンで、オーストラリア、カナダを抜いて世界トップ、市場占有率は26%になった。ロシアは大量の小麦輸出で、中東・アフリカなどグローバルサウスの国々に対する影響力も強めているのだ。

2. 米国がロシアの侵攻計画の詳細を掌握

新たな「クレムリンのスパイ」を開拓

この戦争が他の戦争と違う特異な点は、ロシアのウクライナ侵攻計画の詳細を米国が掌握していたことだ。

『ワシントン・ポスト』によると、前年2021年10月、ホワイトハウスの大統領執務室に、アントニー・ブリンケン国務長官、ロイド・オースティン国防長官、マーク・ミリー統合参謀本部議長、アブリル・ヘインズ国家情報長官、ウィリアム・バーンズ米中央情報局（CIA）長官、ジェイク・サリバン大統領補佐官（国家安全保障担当）らが集まり、その席でロシアによるウクライナ侵攻計画の詳細が報告された。

米国に亡命したオレグ・スモレンコフのあとを継いだ新しいCIAの情報協力者が通報したようだ。スモレンコフと同じように、クレムリンのプーチン大統領執務室への出入りを認められた人物とみられる。このスパイからの人的情報（HUMINT）に加え、国家地理空間情報局（NGA）が分析した画像情報（IMINT）、国家安全保障局（NSA）が傍受した信号情報（SIGINT）など、情報コミュニティ（IC）を総動員してまとめたのだろう。

異例の情報公開で開戦阻む狙い

この時プーチンはすでに侵攻を最終決断していた。開戦の日も決定していて、CIAもその日を探知していたが、バイデン大統領には伝えなかった。

大統領がうっかり発言をしてその日が明らかになれば、プーチンは開戦を取りやめることができなくなる恐れがある、と考えたのかもしれない。

バイデン政権はこの時点で、米国が可能な限りの情報公開を行うことを決めた。ロシアが侵攻の詳細な情報を米国につかまれていることを知れば、簡単に迎撃されて不利になるため開戦を撤回する可能性がある、と期待したようだ。

同時に米国は、西側諸国の結束を強化して、ロシアを追い詰める方針も決定した。漏らしてはならない「ソース（情報源）」と「メソッド（情報入手の方法）」の2点が露見しない範囲で、メディアへの「リーク報道」などの形で公開した。

これを受けて、オースティン国防長官とミリー議長はそれぞれ、ロシア側のカウンターパートに電話して、ロシアが勝利しても、かつてソ連がアフガニスタン侵攻後に遭ったのと同様に、抵抗する部隊との熾烈な戦闘が続くと警告した。

プーチンはCIA長官の警告に耳を貸さず

またバーンズCIA長官は11月2日、訪露してユーリー・ウシャコフ補佐官と会談、そこからソチで保養中のプーチン大統領に電話し、「米国はあなたが何をしようとしているか知っている。ウクライナを侵攻すれば、莫大な代償を科せられる」と警告したという。

プーチンは警告に耳を貸さず、予定通り侵攻計画を実行した。なぜ計画の変更をしなかったのか。計画の練り直し、延期といった方策を検討すべきだが、検討した証拠はない。

CIAとMI6がウクライナを「橋頭堡（ほ）」にとプーチンに報告

2021年末にかけて、プーチン大統領はウクライナに対する全面攻撃に踏み切るかどうか検討を進めており、ロシアの主要な情報機関の「トップ」と相談していた、と『ニューヨーク・タイムズ』が伝えた。このトップはプーチンに、CIAとMI6がウクライナをコントロールし、対露工作の「橋頭堡」にしようとしている、と報告した。だからプーチンは米英の情報機関がウクライナに深く関与していることを知っていたのは明らかだ。

ただ、このトップがこの時点で、ウクライナを攻撃すべきだと主張したのか、あるいは慎重にした方がいいと言ったのか明らかではない。いずれにしてもプーチンは2022年2月24日、ウクライナ全面侵攻に踏み切った。ロシア軍によるこの「特別軍事作戦」（プーチン大統領）の前から、米英の協力関係が進展しており、特に米・ウクライナ間の情報協力がウクライナ防衛の「要」となっていた。[*1]

3. ウクライナ侵攻、緒戦は大失敗

首都心臓部に侵攻できず、目標は未達成

2022年2月24日、ロシア軍はウクライナ全土の都市、軍事施設に向けて軍事侵攻を開始した。各地に向けてミサイルを発射し、多方面から軍事車両が国境を越えてウクライナ領内に侵攻した。

プーチン大統領は国営テレビを通じて、ウクライナがロシア系住民を迫害しているとして、「非軍事化と非ナチ化」のために「特別軍事作戦」を開始すると発表した。

北部戦線はベラルーシから、南部戦線はクリミアから、東部戦線はドンバス地方から、ロシア軍部隊が進軍した。ヨーロッパでは、第二次世界大戦以来の大規模な戦争となった。

首都キーウに向けては、ロシアのMi8ヘリコプターはベラルーシから南下、首都北西部郊外にあるホストメリの空港に数百人から成る精鋭の特殊部隊「スペツナズ」を送り込んだ。空港を占拠し、ここを基地として、さらに多数の部隊と装甲車を輸送し、そこから

---

*1 Adam Entous and Michael Schwirtz, "The Spy War," *New York Times*, Feb. 25, 2024

直接キーウの心臓部を攻撃する構えだった。

心臓部、つまり大統領官邸で、ウォロディミル・ゼレンスキー大統領を暗殺して、政権を打倒し、代わりに親露派の傀儡政権を樹立させる。それがロシアが一方的に開戦したこの戦争の大目標だった。しかし、それから3年間戦ってもこの目標はまったく達成できておらず、事実上ロシアは戦争に勝利できていないことになる。

他方、ウクライナ軍は民主的手続きで成立した現政権をしっかりと守り、傀儡政権の権力奪取を防いだ。ウクライナ軍は主権を守る基本的任務を果たしたことになる。

ゼレンスキー暗殺に数回失敗か

ロシア軍の正規部隊ではなく、プーチンに近いエフゲニー・プリゴジンの民間軍事会社「ワグネル」の秘密工作員約400人が「斬殺戦略」の一環として、ゼレンスキー暗殺の命令を受けて、2月にキーウに潜入していたと英『ガーディアン』などが伝えている。

同紙によると、暗殺は3月中に3回試みたが、いずれも失敗した。暗殺の失敗はそれ以後、何回もあったと言われる。ウクライナ保安局（SBU）によると、事前に情報を得て、ゼレンスキーが訪問する場所の警戒体制を厚くして、防いだとしている。

ウクライナ政府によれば、ロシア連邦保安局（FSB）内の戦争反対派がウクライナ側と事前に情報を共有していたとも言われる。

いずれにしても、プーチンは最初からゼレンスキーの命を狙い、実行することにこだわっていたとみられる。これに対して、ウクライナはクレムリンに向けてドローンを発射、報復措置としてプーチンの命を狙ったかと言われたが、正しいことは不明だ。

ロシア軍は首都戦線から撤退

ロシア軍の戦略通りに事は運ばなかった。ロシア軍ヘリ数機は、ホストメリ空港に向かう途中でウクライナ軍のミサイルの攻撃を受けて撃墜された。無事空港に着いても、ウクライナ軍の砲撃に狙われ、大きな損害を受けた。

キーウ南部のウクライナ軍ワシルキウ空軍基地でも同様の激しい迎撃を受けた。ウクライナ軍対空防衛部隊は、空挺部隊を乗せていたＩＬ76輸送機数機を撃墜した。

ロシア側は当初、ウクライナ軍はロシア部隊を迎撃できず、ロシア軍部隊にとって容易な戦況で推移すると読んでいた。しかし、現実にはウクライナ軍の抵抗は頑強で、北部戦線では同年4月までに、ロシア軍部隊はキーウ周辺から撤退した。その際に、キーウ郊外のブチャでロシア軍部隊が住民らを大量虐殺していたことが分かった。

東部戦線では、ロシア軍はドンバスからの攻撃でマリウポリを陥落させたが、ウクライナ軍が南部、東部で攻勢に出て、ハルキウの大半を奪還した。

２０１４年のロシアによるクリミア併合の際は何の抵抗もできなかったウクライナ軍と情報機関は劇的に変貌し、世界を驚かせた。

4.「傀儡政権」の面々

「意気消沈した」

ゼレンスキー政権が打倒されたら、ロシアが発足させる後継政権の出番が来る。ＦＳＢが事前工作で準備した傀儡政権のリーダー候補たちは、今か今かと待ち構えていた。

3月1日付『ワシントン・ポスト』はそのうちの一人、オレグ・ツァリョフという元ウクライナ国会議員がロシアのＳＮＳ「テレグラム」に残した投稿を入手して伝えている。ツァリョフはいったん外国に亡命したあと、ウクライナに帰国していた。

侵攻直後は意気揚々とした状況で、

「諸君！　約束した通り、われわれは行動を開始している！　ウクライナ非ナチ化の工作が始まった」

「私は今、ウクライナにいる。キーウはファシストから自由になる！」

戦闘が始まって丸1日、ツァリョフは自分の部下に約束した。

「その時が近い」

しかし、2日後にはロシア軍は予想外に厳しい抵抗に遭い、投稿のトーンは沈んだ。

「何らかの理由で意気消沈し始めた。すべては始まったばかりだ」と伝え、連絡は途絶えた。

もう一人、ウクライナで大統領首席補佐官や国会議員を歴任した親露派政治家ビクトル・メドベドチュク。傀儡政権のトップ候補として名前が挙がっていた。しかし開戦後、自宅軟禁となり、2022年9月に捕虜交換のような形でロシア側に引き取られ、現在の国籍はロシアとなっている。

英国外務省が幹部名を公表

ロシアがウクライナを侵攻する約1カ月前の1月22日、驚いたことに英国外務省が名簿リストを公表した。「ロシアがウクライナを侵攻し、占領した際に首都キーウに設置する親露派のリーダー」らの名前だ。

それによると「リーダーの候補」として、元国会議員のエフヘン・ムラエフが考えられており、以下の4人はロシア情報機関が連携を維持している多くのウクライナ政治家の一部だとしている。

- セルヒー・アルブゾフ　2012～14年第一副首相、2014年首相代行
- アンドリー・クルエフ　2010～12年第一副首相、2010～12年ヤヌコビッチ元大統領首席補佐官
- ウラディーミル・シフコビッチ　元ウクライナ国家安全保障防衛副委員長
- ミコラ・アザロフ　2010～14年ウクライナ首相

当時のリズ・トラス英外相は、これらの情報は「ロシアのウクライナ攻撃計画に光を当て、クレムリンの内情を明らかにする」と指摘。ロシアは外交の道を模索すべきだし、ウクライナ侵攻はひどい損害をもたらす大失敗だと強調した。

5. ウクライナ善戦の舞台裏

ロシアがもし、2014年のクリミア併合の際に、本格的なウクライナ侵攻を実行していたら、今回のロシアの想定通り、48時間程度で勝利を収めていたのは確実とみられる。

しかしウクライナは2014年以降、インテリジェンス機関も軍隊も劇的な変貌を遂げていた。ウクライナが想定外に強力になっていたので、ロシア軍は緒戦で大きくつまずいたのである。

大きく分けて、2つのポイントがある。ひとつはウクライナをコントロールしてきたはずのロシア情報機関が想定通りの機能を発揮していなかったこと。

もう一点は、対照的にウクライナ軍と情報機関は欧米、特に米国から、2014~22年の間に多大な援助を受けていたことだ。これらの2点をさらに追究しておきたい。

ウクライナはロシアFSBが管轄

ロシアの主要な情報機関は、対外情報機関がSVR、国内治安・防諜機関がFSB、軍事情報機関がロシア軍参謀本部情報総局(GRU)の3つに分かれる。ウクライナは外国なので本来ならSVRの管轄となる。しかしウクライナは旧ソ連の構成国で、SBUはもともとソ連国家保安委員会(KGB)のウクライナ支局だったこともあって、FSBの担当下に置かれてきた。

プーチン大統領はFSB組織の改革と強化を進め、FSBをKGBに似た総合的で巨大な機関に発展させた。自分がFSB長官だった1998年には、第5局という新たな部門を設置し、外国人のリクルート任務や旧ソ連構成国に対するスパイ工作を行う権限を付与した。本来は国内防諜機関であるFSBの性格を変えるほどの大転換だった。

FSB第5局長に逮捕説も

第5局は発足から20年を経過して、旧ソ連構成国に対してにらみを利かせる強力な部門に発展した。その局長に、プーチンが最も信頼していたと言われるFSB幹部、セルゲイ・ベセダ上級大将を任命した。

しかしベセダ局長はその後、成果を挙げることができていなかったようだ。米外交誌『フォーリン・ポリシー』など米メディアにも寄稿するロシアの調査報道ジャーナリスト、アンドレイ・ソルダトフによると、2014年の「マイダン革命」の際、ウクライナやアブハジア、モルドバの現場で第5局の工作員が逮捕される失態が表面化、ベセダ局長は責任を問われたという。

にもかかわらず、プーチン政権はウクライナ侵攻に向けた秘密工作で、第5局にウクライナの「政治インテリジェンス」収集と親露派野党勢力へのテコ入れという重要なミッションを与えた。第5局は2022年2月までに、1チーム10~20人の特殊工作員を約200人派遣したという情報もあった。

しかし、明らかにロシアのゼレンスキー政権打倒工作は大失敗に終わり、第5局の起用は裏目に出た。この失敗でベセダ局長は逮捕され、スターリン時代から使われている警戒が厳重なレフォルトボ拘置所で拘束されたという情報もあった。工作員も約150人が解任されたと言われる。ウクライナ国内での秘密工作の任務は第5局からGRUに移されたとも伝えられた。

2014年当時は軍靴・ヘルメットもなかったウクライナ軍

これに対して、ウクライナに対する援助を積み増してきた米国は並々ならぬ決意を示してきた。その裏には、初歩的な問題があった。2014年にロシア特殊部隊がクリミア半島を奪取し、親露派武装勢力が東部のドネツク、ルハンスク両州を部分的に占拠した際、ウクライナはなすすべもなく、ほとんど抵抗もできなかった。

戦闘経験がなく、数十年間続いた政府の腐敗に加えて、医療器具や軍靴、ヘルメットといった装備さえ持っておらず、ひ弱さが暴露される結果となった。クリミア奪取の際の戦闘で、ウクライナ海軍は約70%の艦船を失った。

このため、米国などは対ウクライナ軍事援助で、レーダー、武装ドローン、暗視ゴーグル、武装ボート、さらに「ジャベリン」対戦車ミサイル、「スティンガー」地対空ミサイルなどが提供された。

さらに、7年以上続いたドンバス地方での親露派武装勢力との戦いで、士気が高まり、戦闘に堪える能力をつけたという。

侵攻前に「五分五分」の予測も

2021年9月には、NATOの「平和のためのパートナーシップ」演習が行われ、米国が支援し、十数カ国から約6000人の兵士が参加した。

ウクライナ国境を包囲するロシア軍が増強された11月から年末にかけては、約88トンの弾薬、ジャベリン発射台30基、同ミサイル180基が急きょ運び込まれた。さらに150人以上の米軍事顧問団などが常駐してウクライナ軍の訓練に当たった。

米国の対ウクライナ軍事援助額は、米議会調査局（CRS）などによると、2014〜22年6月まで73億ドル（現在の為替レートで約1兆1000億円）、ロシア軍侵攻後の2022〜24会計年度の援助額1742億ドル（同約26兆円）に上った。

こうした状況から、外交誌『フォーリン・ポリシー』電子版はロシア軍のウクライナ侵攻前、「一方的勝利というより五分五分」と予測。「ロシアが早期勝利を得る戦争にはならない」とのアンドリー・ザゴロドニューク元ウクライナ国防相の見方も伝えていた。

戦況は総体的に膠着状態

戦争は多くの不幸をもたらす。特に苦しんでいるのはウクライナ国民だ。２０２４年現在で、ウクライナ国民の国内難民は８００万人、海外難民は８２０万人に達している。戦争前の総人口は約４５００万人だから、約35％の人々が自宅で家族と一緒に暮らすことができない状態だ。

しかし、戦況は総体的に膠着状態に陥っている。

ロシア政府は２０２２年9月、ドネツク、ルハンスクの東部2州とヘルソン、ザポリージャの南部2州の併合を発表した。ロシア系住民が多いとされるこれらの州だが、形だけロシアに帰属させても、実態は変わらない。

ロシア軍は同月、欧州最大のザポリージャ原子力発電所に対して攻撃し、占領した。国際原子力機関（ＩＡＥＡ）は危険だと警告したが、ロシア側は事実上無視している。

同年10月にウクライナ特殊部隊はクリミア大橋を爆破させた。クリミアから前線へ武器・弾薬や兵站の物資を輸送できなくなると深刻な影響が予測されたが、結果的にみて、戦争全体にそれほどの影響を与えることはなかった。

この戦争はさまざまなことが起きる。２０２３年6月には、ヘルソン州のダムが決壊して洪水となり、騒がれたが、誰が何のために実行したのか分からないままだ。

反転攻勢も失敗

2023年夏、ウクライナ軍はロシア軍が占領する南部・東部4州に「反転攻勢」をかけた。しかし、ロシア軍は多くの地雷を敷設し、前進を阻む塹壕を掘って対抗。逆に米国などからのF16戦闘機などの武器供与が間に合わなかったこともあり、結局反転攻勢は失敗に終わった。

2024年8月にはウクライナ軍は、想定で1万人強の兵員を動員して、ロシア政府のクルスク州を越境攻撃した。この戦争で初めてウクライナ軍がロシア領土を占領した。ウクライナは停戦交渉で「クルスク」を取引材料に使う可能性も指摘されている。しかし、戦況全体にそれほど大きい影響を与えることはなさそうだ。

これに対し、1万人を超す北朝鮮軍エリート部隊がクルスク州に配置された。ロシア領奪還に向けてウクライナ軍と戦うことになり、新たな問題が起きる恐れがある。

任期末が近付くバイデン米政権は2024年11月、ウクライナ軍が射程300キロの「陸軍戦術ミサイルシステム（ATACMS）」をロシア領内に向けて発射することを初めて承認した。さっそく、同月25日にはクルスク州のロシア空軍基地に配備されているS4

訪米したゼレンスキー・ウクライナ大統領と会談するトランプ氏＝2024年９月27日、米ニューヨーク（写真：ロイター／アフロ）

00地対空迎撃ミサイルに対して発射され、命中した。こうした攻撃に対してプーチンは度々「核」の脅しで反応しており、戦闘はなお危険な状況が続いた。

トランプ再登場でプーチンはNATO崩壊に期待

だが、2024年の米大統領選挙でトランプが勝ち、政権に復帰。符丁(ふちょう)を合わせるかのようにロシア軍はウクライナ攻撃を激化させた。

そしてトランプは「1日で解決する」と言っていたウクライナの戦争を「6カ月」に遅らせた。この発言は明らかにロシアの攻撃長期化を示唆してる。

同時にトランプはグリーンランドを領有化

し、カナダを「米国の51番目の州」にする要求を始めた。いずれもNATO同盟国が絡んでおり、NATO分断につながる恐れがある動きだ。その場合、NATOのウクライナ支援は大きく後退する。

そうなればプーチンにとっては願ってもないチャンスが到来し、ゼレンスキー政権打倒の可能性が出てくる、と読んでいるかもしれない。情勢激変の行方をしっかり見守る必要がある。

第9章
「ウクライナ侵攻」まで8年間の暗闇

1. 親露派スパイとの暗闘

米情報機関の協力が決め手に

新露派スパイたちの工作に苦しめられてきたウクライナがようやく米国の情報機関に助けを求めた。第9章ではその攻防と米情報機関の協力の真相を『ワシントン・ポスト』[*1]と『ニューヨーク・タイムズ』[*2]の特集記事から情報を得て、詳述していきたい。

親露派と親欧米派のせめぎ合い

ウクライナの情報機関内に潜む親露派の根は深かった。

2015年の時点でもなお、ウクライナ保安局（SBU）の副長官をしていたビタリー・マリコフがロシアによるクリミア半島併合を支持する発言をして、顰蹙（ひんしゅく）を買う舌禍事件があった。

2017年には、親露派の仕業とみられる暗殺事件が首都キーウで続発した。3月にSBU防諜担当将校のオレクサンドル・ハバベリュシ大佐、4月には親露派武装勢力との戦闘が続くウクライナ東部から帰任したばかりの国防省情報総局（HUR）のマクシム・シャポバル大佐が、いずれも自動車に爆弾を仕掛けられて死亡した。2人とも東部2州へのロシア軍の関与に関する情報を調査中で、ウクライナ捜査当局は親露派SBU幹部が事件に関与した可能性があると判断した。水面下で、親露派と親欧米派のせめぎ合いが続いていたのである。

2020年には、SBU特殊工作センターのセンター長、ワレリー・シャイタノフ少将がロシアによるテロ工作に関与して、国家反逆罪で逮捕される事件があった。この事件は、2015年に発覚して以後、クロアチア、ドイツ、フランスの国際的な協力を得て、SBUが捜査を続けた。北大西洋条約機構（NATO）加盟3カ国の捜査協力で、シャイタノフ少将がロシア連邦保安局（FSB）のイゴール・エゴロフ大佐と繰り返し面談していた事実を突き止め、さらにエゴロフ大佐がチェチェンの反ロシア戦士を殺害した証拠を得たという。保守的な米シンクタンク「ジェームズタウン財団」は「国際的な長期捜査が実っ

＊1 Washington Post, *Ukrainian spies with deep ties to CIA wage shadow war against Russia*, by Greg Miller and Isabelle Khurshudyan, Oct. 23, 2023

＊2 New York Times, The Spy War : How the C.I.A. Secretly Helps Ukraine Fight Putin, By Adam Entous and Michael Schwirtz, Feb. 25, 2024

た」と評価している。

ウクライナ機関が米大統領選介入で捜査協力

２０１４年にウクライナ、２０１６年にアメリカは、いずれもロシアの巧みな秘密工作に遭い、手痛い失敗をする共通の体験をした。

ウクライナは２０１４年、クリミア半島を失っただけでなく、ドネツク州などの一部が親露派武装勢力に占拠され、戦闘が始まった。他方アメリカは２０１６年大統領選挙で、ウラジーミル・プーチンが望むドナルド・トランプが当選する結果になった。

これを受けて、両国の情報機関同士が手を結び、協力し合うことになった。

ウクライナでは米中央情報局（ＣＩＡ）などがウクライナ情報機関を強化するとともに、親露派武装勢力の動静を追い、情報ネットワークを構築する。

同時に、米大統領選挙への介入で暗躍したロシア秘密工作員らの追跡もウクライナ情報機関が支援することになったと『ニューヨーク・タイムズ』は伝えている。[*3] 同紙は、ウクライナと米国の工作員が協力して、ロシア情報機関のコンピューターシステムに侵入し、米国の選挙民を操るロシア工作員を捜索したという。ただ、その成果があったかどうかは明らかではない。

2024年大統領選挙でトランプは再選され、2025年から4年間プーチンとどのような協力関係を築くのか。ウクライナ情報機関にとっても難しい課題が増えた。

オバマ政権は慎重

2014年4月12日には当時のCIA長官ジョン・ブレナンが米政府のマークを消した航空機でキーウを極秘訪問したところ、すぐに親露派のスパイに見破られた。ロシアのプロパガンダ機関が、かつらを被ってメイクアップしたブレナンの合成写真を公開した。ブレナンはSBU側に、価値のあるインテリジェンスの提供を求め、同時に、親露派スパイを一掃するよう要請した。その直後ウクライナ軍部隊は、東部ドネツク州スラビャンスクで市庁舎などを占拠していた親露派武装勢力の排除に乗り出した。ノーボスチ通信などロシアのメディアは、強制排除の「ゴーサイン」を出したのはCIA長官、と非難した。まさに、ウクライナ情勢は一触即発の危険な時期に入っていた。

しかし帰国したブレナンを出迎えたバラク・オバマ政権は慎重な方針を決めた。大統領補佐官らとの協議で、CIAはウクライナの情報機関を強化するが、ロシアを挑発する恐

＊3　Entous and Schwirtz, "The Spy War"

れがある情報の提供については可否を厳密に分けた。ロシア側の人命にかかわる結果をもたらすような情報は提供しないとする「レッドライン」を設けたのである。両国の情報協力は微妙な問題を抱えながらスタートした。他方ウクライナは米国との協力関係強化に積極的だった。

2. CIAがウクライナ情報機関員を訓練

SBU長官が米英に協力を要請

SBUのワレンティン・ナリワイチェンコ長官は2014年、SBU本部に着任して驚いたという。裏のヤードでは焼けこげた書類の山が放置され、オフィスでは多くのPCがウイルスに汚染されていた。親露派系要員の仕業とみられた。

長官は在ウクライナ米大使館内のCIA支局と英大使館内の対外情報機関MI6に電話して、米英情報機関の2人のキーウ支局長にSBU本部に来てもらい、SBUを再建するため支援を要請した。これら3者はこれ以後、パートナーとして協力し合うことになった。

ナリワイチェンコは政治力があり、次は自分の長年の部下、バレリー・コンドラチュークを「第5総局」の防諜部門のトップに任命し、敵側に配置する工作員の準軍事部門も作らせた。

マレーシア機を撃墜したのはロシア

２０１４年にオランダ発のマレーシア航空17便が撃墜された事件では、彼らはロシアの仕業とする証拠の通信傍受記録を入手してＣＩＡに提供した。これに感心したＣＩＡは第5総局に通信機器の提供を約束するとともに、彼らに特殊な訓練を施した。

コンドラチュークは２０１５年、ＨＵＲ長官となり、ＣＩＡウクライナ支局次長に大量のロシア情報文書を手渡した。その中には、ロシア海軍北方艦隊の機密文書や新型ロシア原子力潜水艦の設計情報が含まれていた。これに応えて、ＣＩＡ側からも定期的に大量の情報提供をするようになったという。

ウクライナ２２４５特殊部隊を訓練

２０１６年ごろ、ＣＩＡはウクライナのエリート特殊部隊「２２４５部隊」の訓練も開始した。２２４５部隊はロシアの無人機と通信機を捕獲して、ＣＩＡに提供。ＣＩＡはリバースエンジニアリングによってロシア側の暗号化システムを解析したという。この部隊の中には現在のＨＵＲ長官のキリロ・ブダノフ長官もいたという。

これとは別に、ＣＩＡはソ連崩壊後に生まれたウクライナの新世代スパイの訓練も支援した。彼らはロシア内部や欧州全域、キューバで秘密工作を行った。

「金魚工作」とは何か

２０１６年1月、コンドラチュークHUR長官が米国を訪問した。長官はＣＩＡに隣接する会議施設「スキャターグッド」でＣＩＡ幹部らと会談し、ＣＩＡとウクライナの情報機関が協力関係をより深化させることで合意した。この会議場は海外の賓客らと緊密な協議を行う時に使われる会議場で、両者の会談が大きい転換点になった。

この合意に基づき、ＣＩＡは大型のコンピューターサーバー、暗号無線機、敵の通信を傍受する機器を供与することが決まった。

ウクライナの訓練施設では、ＣＩＡがウクライナ情報機関員に特殊な訓練を行うことになった。たとえば、スパイを見分けるのが巧みなロシアなどで、偽の人物を装って秘密を盗む方法を教えるといった技術だ。このプログラムは「金魚工作」と呼ばれていた。

暗殺目標のウクライナ高官と傀儡政権要員のリスト

またＣＩＡの対露工作担当部門「ロシアハウス」はオランダのハーグで秘密会議を催し

た。参加者はCIA、英国のMI6、ウクライナ軍の情報機関HURに加えてオランダの情報機関の代表なども出席、ロシアに関する新情報をプールすることで合意した。

ロシアのウクライナ侵攻が迫った2021年11月には、CIAとMI6が協力して、ウクライナ側に「ロシアが全面侵攻を準備、ウクライナ政府要人を斬殺し、キーウに傀儡政権を樹立する」計画だと伝えた。その際、通信傍受で得た、暗殺する予定のウクライナ高官リストと傀儡政権要員のリストを提供したと『ニューヨーク・タイムズ』は伝えている。

こうした協力関係が機能して、ウクライナ侵攻の緒戦で、ロシア軍の首都キーウへの進軍を妨げ、高官の暗殺を防ぎ、傀儡政権樹立を阻止できたとみられる。

CIAの協力で12の情報基地

開戦後は、ロシア国境に近い区域12カ所にCIAの協力で建設した情報基地が機能したようだ。ウクライナ情報機関の工作員は繰り返し訓練を受けて、各種機器の操作を学んだ。開戦の数週間前にCIAの工作員らはウクライナ西部の安全な秘密基地に移動。開戦後も、ロシア側の攻撃に関する情報をウクライナ側に送信し続けたという。当時のバカノウSBU長官は「彼らがいなかったら、ロシア軍に抵抗し、反撃することはできなかった」と述べている。

当時のＣＩＡ長官ウィリアム・バーンズは開戦前後を合わせて、10回以上ウクライナを訪問して協力の継続を確認したという。

終章

「大国間競争」と見えないスパイ戦争

いま世界は「大国間競争の時代」と言われる。米国、中国、ロシアの3大国が覇を競う不安定な時代である。

本書では、「ソ連の崩壊」からロシアの「ウクライナ侵攻」までの現代史を情報戦争の視点で追ってきた。主として米ソ、次いで米露が激烈な情報戦争を戦ってきたことを記述した。ソ連の崩壊は米国の勝利だったが、それに報復するロシアのウラジーミル・プーチン大統領が米大統領選挙に介入して、自らが望むドナルド・トランプを当選させ、さらにウクライナを侵攻した。

終章では、これら3国間の舞台裏でスパイたちが相互に見えない危険な戦いを繰り広げている例をレポートしておきたい。

1．ロシアが米兵を殺害したタリバンへ報奨金

2020年1月にアフガニスタンのイスラム教勢力「タリバン」のアジトで多額のドル紙幣が発見された。ロシア軍参謀本部情報総局（GRU）とタリバン系戦闘員の間を取り持つ「仲介人」をしていたラーマトゥラ・アジジ容疑者の首都カブールにある家で約50万ドル（現為替レートで約7500万円）の現金が見つかり、親戚や仲間数十人が逮捕された。

アジジはGRUと戦闘員の間の仲介人としてロシアでカネを何度も受け取っていた。武装勢力が米兵あるいは英国など有志連合軍の兵士を殺害した際の報奨金は一人当たり10万ドルだったという。『ニューヨーク・タイムズ』の報道で分かった。

2001年の米中枢同時多発テロ後のアフガン侵攻以降、米兵の死者は約2400人。だが、いつどこでだれが殺され、その際に報奨金が払われたかどうか事実の確認は難しい。

2019年4月に在アフガン米軍基地で最大の「バグラム空軍基地」の外で、3人の米海兵隊員が殺害された爆弾事件など2件の米兵に対する攻撃にその疑いがあるようだ。2020年5月4日付で米中央情報局(CIA)が内部向けに発表している「世界インテリジェンス・レビュー」には、上記のような情報を確認して掲載したようだ。

タリバン系戦闘員に報奨金を供与する秘密工作を行ったのはGRUの秘密工作部隊「29155」だと指摘されている。29155部隊は外国での暗殺から選挙妨害、クーデターなど危険な任務が負わされている。

アフガニスタンでは、CIAはロナルド・レーガン政権の時代、世界43カ国からムジャヒディン(イスラム戦士)約3万5000人を集結させ、アフガン駐留ソ連軍と戦わせてソ連兵を殺害した。パキスタンのイスラム神学校(マドラッサ)で学んだ若者を合わせると計10万人以上となり、彼らが武装化したイスラム原理主義組織の担い手となった。

この報奨金工作はムジャヒディンを使ってソ連兵を殺害したＣＩＡ工作の仕返しだったかもしれない。

2.「ハバナ症候群」

キューバの首都ハバナで米国大使館に駐在するＣＩＡの要員や外交官らが深刻な神経症の病気を訴えた。２０１６～17年のことである。そんな症状を訴える人は２０１７年8月までに44人以上にのぼったという。

ハバナではカナダ市民14人以上も同様の症状を訴え、「ハバナ症候群」と呼ばれるようになった。２０１８年春、中国の在広州米総領事館でも、外交官と家族15人以上が同様の症状を訴えた。ハバナと広州でこの奇病にかかった計59人の米政府職員はペンシルベニア大学脳障害治療センターで診断・治療をうけた。大学側は「外部から受けた脳障害」とみている。ＣＩＡ工作員や米外交官らが狙われているのか、との見方も広まった。

この問題で個人の体験を詳しく明らかにしたのは元ＣＩＡ欧州・ユーラシア・ミッションセンター工作担当副部長のマーク・ポリメロプロスだけのようだ。２０１７年12月に在モスクワ米大使館近くのマリオット・ホテルに同僚と投宿した際にハバナ症候群にかかった。

ポリメロプロスはＣＩＡとロシア連邦保安局（ＦＳＢ）・対外情報局（ＳＶＲ）の交流が可能かどうか、感触を得るためとりあえず同僚とともに相手方と面会した。しかしＳＶＲでは非難の応酬となり、「あなたたちは歓迎できない」と面罵された。その晩ホテルで吐き気や目眩などの症状に襲われ、動けなくなったので帰宅し、ＣＩＡを50歳で早期退職した。

全米科学アカデミーは２０２０年12月、ハバナ症候群の原因は「指向性の無線周波エネルギー」との診断をしたが、最終的な判断はなお示されていない。

3．ＣＩＡ情報システムの欠陥が中国からロシアに漏れた

ＣＩＡは２０１０年、中国政府内に張り巡らせていた情報ネットワークに異変があることを察知した。それまで中国の機密情報を通報していたＣＩＡの複数の情報源との連絡が突然絶たれ、次々と消えていったというのだ。

こうして中国当局に処刑されたＣＩＡ中国人協力者の数は、米外交誌『フォーリン・ポリシー』によると２０１０年末から約２年間で約30人に上った。

ＣＩＡの内部調査で、中国国内に築かれたＣＩＡ情報ネットワークを中国が暴いたのは、ＣＩＡと協力者を結ぶ秘密の通信システムの欠陥が見破られたのが原因と判断された。

このシステムは中東各国のＣＩＡ支局でも使われていたが、高度な技術を持つ中国でその安全性は十分検討されていなかったようだ。さらに危険な問題は、中国がこの欠陥に関する情報をロシア側に伝えた可能性が大きいとみられることだ。

その点で問題になったのは、プーチン大統領の周辺からの情報が当時、一時的に質的にも量的にも以前に比べて低下したと言われることだ。ただ、その最終的な調査結果は不明だ。

いずれにしても、中国とロシアの情報機関がスクラムを組んで、対米情報工作で協力し合っていることが大きい問題になっている。

情報戦争は米国対中露の戦いになっている。

終わりに

ロナルド・レーガン政権が1982年に着手したソ連に対する秘密工作。その事実を筆者に初めて耳打ちしてくれたのは当時国家安全保障会議（NSC）のスタッフをしていた旧友R氏だった。ただし全容などは明らかにしない。一部の断片的情報だけしか言わなかった。

ソ連が西側先進国から秘密裏にハイテク技術を調達する大がかりなシステムを形成したので、それに対抗するため「ニセの半導体」を供給ルートに乗せて使わせたところ、ソ連の天然ガス・パイプラインが爆発する結果となった、という話である。「核爆発ではないかと驚いた人がいた」という挿話は彼から聞いた。

彼の元同僚でNSC国際経済担当部長をしていたガス・ワイスが1996年に、米中央情報局（CIA）の部内誌『情報研究』に秘密工作のことを書いた論文を寄稿した。もう一人の元同僚、トーマス・リード元空軍長官は2004年出版の回想録で同じことを書いたので、私に少し話してもいいと彼は考えたのだと思う。いずれにしてもR氏に感謝したい。

筆者はその後、関連情報の蓄積に努力した。本書を出版すべきだと感じたのは、ロシアのウラジーミル・プーチン大統領の反欧米的立場の背景に「リバンチズム（revanchism＝報復主義）」があると欧米で伝えられていることが大きい。つまりプーチンはソ連崩壊の報復として、親友とみられるドナルド・トランプを当選させようと2016年米大統領選挙に介入し、さらに親欧米に転換したウクライナ侵攻を決断した、という仮説を証明できないかという問題意識が浮かんだ。

ソ連崩壊の真相に迫るため、邦訳されなかったイゴール・ガイダル元ロシア首相代行の英訳本や論文から、ソ連崩壊の原因を突き止めた。またレーガン大統領が署名した1983年1月17日付の「国家安全保障決定指令75号（NSDD75）」から、レーガン政権の秘密工作は事実上、ソ連崩壊を目指していると判断した。第一期秘密工作の立役者ガス・ワイスも、レーガン大統領は「ソ連のシステムは崩壊の途をたどる」ので、冷戦は勝てると信じていた、と書いている。

そして、ソ連崩壊の1991年から2022年のウクライナ侵攻まで30余年にわたる激動の舞台裏で、全部で四期の秘密工作などを最初にスタートさせるきっかけをつくったのは、「世紀のスパイ」とも言われたソ連国家保安委員会（KGB）の工作員も含めたスパイたちであることも確認した。

ロシアのウクライナ侵攻に向けては、CIAがウクライナを全面的に支援し、ロシアによるウォロディミル・ゼレンスキー大統領の暗殺を防ぎ、傀儡政権樹立の企みも粉砕した。冒頭で「スパイは概して成功するが、インテリジェンスは概して失敗する」というジョージタウン大学のキャロル・クイグリー教授の言葉を掲げた。まさに、米国はスパイをうまく利用してソ連を崩壊させたが、永続的な世界平和を築くことができなかった。

元NSCスタッフの友人は「経済戦争」だと言うが、ソ連崩壊で多くの市民は飢餓に苦しんだ。第二次世界大戦後、米国は「マーシャル・プラン」の手厚い援助でヨーロッパの復興に尽くした。それが米国の戦後のリーダーシップの源泉になった。ロシアを飢餓から救う援助を「インテリジェンス」の一環と考えロシア市民を救う復興プロジェクトを展開していたら、新冷戦のような事態を招かなかったかもしれない。

プーチンはソ連崩壊の反省からか、石油・天然ガス価格を維持するため石油輸出国機構（OPEC）側に付いて「OPECプラス」の一員となり、小麦など穀物の増産に努力し世界最大の小麦輸出国に成長した。ロシア国民の支持を得た一因とみていいだろう。

しかし、ウクライナの戦争はなお決着がついていない。彼のリバンチズムだが、十分に恨みを晴らしたようには見えない。今後、盟友トランプと組んで北大西洋条約機構（NATO）の崩壊を目指すかもしれない。トランプは一期目のホワイトハウスで何回か「NATO離脱」を口にしたと伝えられる。米国が離脱すれば、世界はどうなるだろうか。

拙著の完成が大幅に遅れ、朝日新聞出版の松尾信吾・新書編集長には大変迷惑をおかけした。お詫びするとともに長らく待っていただいたことに感謝します。

春名幹男

春名幹男　はるな・みきお
1946年京都市生まれ。大阪外国語大学（現大阪大学）ドイツ語学科卒。国際ジャーナリスト。共同通信社ニューヨーク支局、ワシントン支局をへて、ワシントン支局長。在米報道12年。2007年退社。07〜12年名古屋大学大学院教授・同特任教授。10〜17年早稲田大学大学院客員教授。1994年度ボーン・上田記念国際記者賞、2004年度日本記者クラブ賞、21年度石橋湛山記念早稲田ジャーナリズム大賞受賞。09〜10年外務省『密約』問題に関する有識者委員会委員。著書に『ヒバクシャ・イン・USA』（岩波新書）、『スクリュー音が消えた』（新潮社）、『秘密のファイル—CIAの対日工作』上・下（共同通信社＆新潮文庫）、『ロッキード疑獄』（角川書店）など多数。

朝日新書
991

世界を変えたスパイたち

ソ連崩壊とプーチン報復の真相

2025年2月28日第1刷発行

著者　春名幹男

発行者　宇都宮健太朗
カバーデザイン　アンスガー・フォルマー　田嶋佳子
印刷所　TOPPANクロレ株式会社
発行所　朝日新聞出版
〒104-8011　東京都中央区築地5-3-2
電話　03-5541-8832（編集）
03-5540-7793（販売）

Published in Japan by Asahi Shimbun Publications Inc.
ISBN 978-4-02-295302-5
定価はカバーに表示してあります。

朝日新書

底が抜けた国
自浄能力を失った日本は再生できるのか？

山崎雅弘

専守防衛を放棄して戦争を引き寄せる政府、悪人が処罰されない社会、「番人」の仕事をやめたメディア、不条理に従い続ける国民。自浄能力が働いていない「底が抜けた」現代日本社会の病理を、各種の事実やデータを駆使して徹底的に検証！

蔦屋重三郎と吉原
蔦重と不屈の男たち、そして吉原遊廓の真実

河合　敦

蔦重は吉原を基点に、黄表紙や人情本、浮世絵など次々と大ヒットを生み出した。いっぽう幕府による弾圧にもめげず、歌麿や写楽に大首絵を描かせたり、政治風刺の黄表紙を出版するなど、反骨精神あふれる蔦重の生涯を天才絵師・戯作者たちと共に描く。

脳を活かす英会話
スタンフォード博士が教える超速英語学習法

星　友啓

世界の英語の99・9％はナマッている。だからこそ脳の欲求の赴くままに自分なりの英語で世界と遊べ！　脳科学や心理学、AI時代のアイテムを駆使して、コスパ良く楽しくネイティブと話せる術をスタンフォード・オンラインハイスクール校長が伝授。

子どもをうまく愛せない親たち
発達障害のある親の子育て支援の現場から

橋本和明

「子どもには愛情を」。児童相談所の一言が、なぜ虐待を加速させたのか？　発達障害のある親は育児で大変な苦労をすることがある。虐待やネグレクトが起きてしまう実態と対策を、豊富な実例とともに紹介。子育ては愛情ではなく技術である。

ほったらかし快老術
90歳現役医師が実践する

折茂　肇

元東大教授の90歳現役医師が自身の経験を交えながら、快い老い方を紹介する一冊。たいていのことはほったらかしでよく、大切なのは生きがいと骨。落ち目同士で群れない、手抜きしないでオシャレをする…など10の健康の秘訣を掲載。

朝日新書

数字じゃ、野球はわからない

工藤公康

昭和から令和、野球はどこまで進化したのか？「優勝請負人」工藤公康が、データと最新理論にとらわれた野球界を総点検！さらに自身の経験をもとに、いつまでも色あせない"野球の魅力"も紹介。新参からマニアまで、ファン必読の野球観戦バイブル。

老化負債
臓器の寿命はこうして決まる

伊藤 裕

生きていれば日々損傷されるDNA。加齢に伴い修復能力が落ちると、損傷は蓄積していく。これが老化だ。ただ、この「負債」は「返済」できる！心身の老化のメカニズムから気付き方、自分でできる画期的な「若返り」法までを徹底解説する。

節約を楽しむ
あえて今、現金主義の理由

林 望

キャッシュレスなんて、まっぴらだ！お金のあれこれを人任せにしない。自分の頭でしっかり考えたい。だから、ベストセラー『節約の王道』著者は、あえて今、現金主義を貫く。キャッシュレス生活・ポイ活の怖さを指摘し、安全確実な「令和の節約術」を公開！

なぜ今、労働組合なのか
働く場所を整えるために必要なこと

藤崎麻里

2024年春闘の賃上げ率は5％台で33年ぶりの高水準となったが、広がる格差、実質賃金に追いつかない賃上げなど課題は山積。若い世代や非正規雇用など労働組合とつながらない人も多い。一方、欧米では労組回帰の動きもある。労組に今、何ができるのか。

遊行期（ゆぎょうき）
オレたちはどうボケるか

五木寛之

加齢と折り合いをつけてどう生きるか。92歳の作家が、人生を四つに分けるインドの最後の住期「遊行期」という平穏な時に身をおいて考える。「老い」や「ボケ」を受け入れながら、人生100年を生き切るための明るい「修養」、そして執筆活動の根源を明かす。

朝日新書

ルポ 大阪・関西万博の深層
迷走する維新政治

朝日新聞取材班

2025年4月、大阪・関西万博が始まるが、その実態は会場建設費が2度も上ぶれし、パビリオンの建設が遅れるなど、問題が噴出し続けた。なぜ大阪維新の会は開催にこだわるのか。朝日新聞の取材班が万博の深層に迫る。

祖父母の品格
孫を持つすべての人へ

坂東眞理子

令和の孫育てに、昭和の常識は通用しない。良識ある祖父母として、孫や嫁夫婦とどう向き合ったらいいのか？ ベストセラー『女性の品格』『親の品格』著者が満を持して執筆した、祖父母が知っておくべき30の心得。

逆説の古典
着想を転換する思想哲学50選

大澤真幸

自明で当たり前に見えるものは錯覚である。事物の本質を古典は与えてくれる。『資本論』『意識と本質』『贈与論』『アメリカのデモクラシー』『存在と時間』『善の研究』『不完全性定理』『君主論』『野生の思考』など人文社会系の中で最も重要な50冊をレビュー。

世界を変えたスパイたち
ソ連崩壊とプーチン報復の真相

春名幹男

東西冷戦の終結からウクライナ侵攻までの30年余、歴史を揺るがす事件の舞台裏には常に、世界各地に網を張るスパイたちの存在があった——。彼らは、どのような戦略に基づいて数々の工作を仕掛けたのか。機密文書や証言から、その隠された真相に迫る。